KB245483

사고력과 교양지식 쌓는 최적의 학습법

자기주도

토론·논술 쓰기

글 조영정 그림 이일신

채운어린이

사고력과 교양지식 쌓는 최적의 학습법,
토론&논술!

암기식, 주입식 위주의 교육에서 벗어나 학생들의 다양한 사고력을 키우기 위해 논술 교육이 강화되었습니다.

선진국에서는 이미 어려서부터 논술과 토론을 통한 학습이 자리잡혀 있습니다. 프랑스의 경우 초등학교 때부터 무려 12년간 꾸준히 책읽기, 토론 등의 학습이 진행된다고 합니다. 하지만 우리나라는 논술을 대학입시하고만 연관지어 생각하는 경향이 있습니다. 어떻게 하면 좋은 점수를 얻어 좋은 대학에 갈 수 있을지에만 신경을 쓰는 학생과 학부모가 많은 듯합니다. 물론 논술은 대학입시에서 중요한 부분을 차지하고 있습니다.

하지만 논술은 꼭 입시 목적으로만 해야 할 것이 아닙니다. 논술은 논리력, 사고력을 높이고 동시에 폭넓은 교양 지식을 쌓을 수 있는 최고의 수단이기도 합니다. 논술로 키운 사고력은 학과목 공부에도 많은 도움을 줍니다.

특히 자기주도 학습을 하는 학생들은 비판적 사고력이 뛰어난데, 이 비판적 사고력은 21세기 최고의 경쟁력이라고 합니다.

이 책에는 어린이들의 공통 관심사와 사회적 이슈 18개가 토론과 논술 형식으로 구성되어 있습니다. 그리고 논술이 왜 필요하며 어떻게 하면 잘 쓸 수 있는지 비법도 제시되어 있습니다.

논술은 꼭 시험만을 위한 것이 아닙니다. 논리적 사고력과 다양한 교양 지식을 쌓을 수 있는 가장 좋은 학습 방법이라는 점을 명심하세요.

지은이 조영경

차례

제1장
토론&논술, 왜 중요할까?

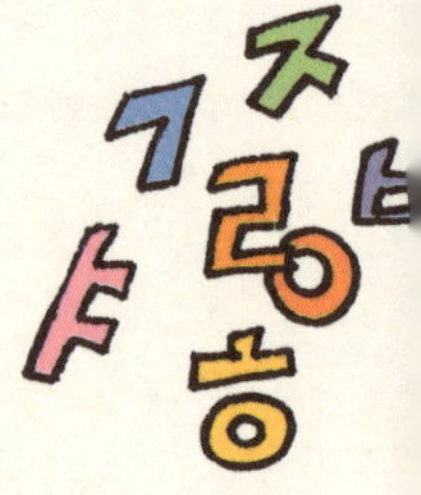

제2장

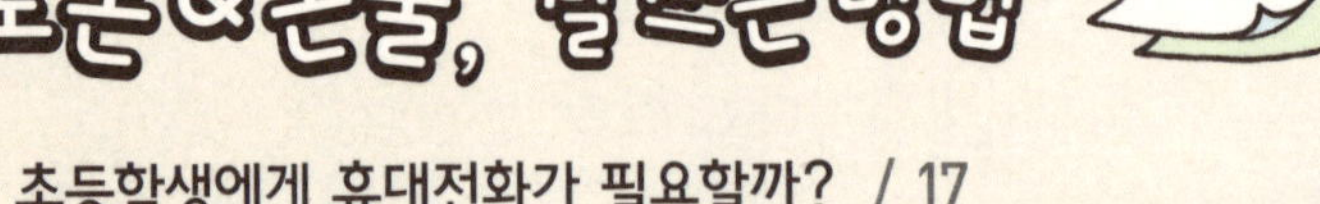

토론&논술, 잘 쓰는 방법

ABCDER

제1장

토론&논술, 왜 중요할까?

효율적으로 자기 주장을 할 수 있어요

"엄마, 용돈 좀 올려 주세요."

하면 흔쾌히 "그래, 알았다." 하는 부모님이 계실까요?

대부분 "왜?" 하고 되물으실 겁니다.

"뭐, 이것저것 살 것도 많고 친구들보다 용돈도 적고……."

이렇게 우물쭈물하면 '돈 귀한 줄 모른다'는 등 혼만 날 거예요.

그러나 여러분 또래인 여학생 '정희'는 달라요.

"이번에 학원 시간표가 바뀌었어요. 그래서 일주일에 두 번은 학교 끝나자마자 학원으로 가야 해서 간식을 사 먹어야 해요. 그리고 학교 준비물 값도 지난 학기보다 조금 올랐어요. 아무리 아껴 쓴다고 해도 용돈이 부족해요."

상대방을 설득시켜 자신이 원하는 바를 이루기 위해서는 논리정연하게 자신의 의견을 피력할 줄 알아야 해요. 논술은 바로 그러한 '논리'를 바탕으로 합니다. 그러니 논술을 잘하면 당연히 논리적으로 자기 주장을 펼칠 수 있겠죠?

정희처럼 적절한 이유와 근거를 들어 논리적으로 말하자.
논술을 잘하면 당연히 논리적으로 자기 주장을 잘할 수 있어.
1000

논리적 사고력과 판단력을 기를 수 있어요

옆반과의 축구 시합이 학원 보충수업 시간과 겹쳤습니다.

이것도 하고 싶고 저것도 해야 하고, 도대체 어떻게 해야 좋을까요?

'진성' 이는 생각해 봤죠. 엄마께 부탁해 학원을 다니기 시작했어요. 게다가 학원 보충수업 내용이 학교 수업에서 잘 이해되지 않은 부분이고요. 자신이 다니겠다고 했으니 책임도 있고, 수업 내용도 마침 자신에게 꼭 필요하니까 더 이상 망설일 게 없었습니다.

여러분도 선택을 해야 할 경우가 많을 거예요. 이럴 때 어떻게 하면 현명한 판단을 내릴 수 있을까요? 간단해요. 논리적으로 생각하면 되거든요. 문제를 논리적으로 생각하면 옳은 판단은 자연스럽게 따라와요.

논술은 자신의 생각을 정리하는 훈련입니다. 논리적으로 생각해서 명쾌한 결론을 내리는 훈련에 딱 맞죠. 이러한 능력은 경험에 비례하기 때문에 하루라도 빨리 시작하는 것이 유리합니다.

3 폭넓은 지식을 쌓을 수 있어요

"체벌은 싫어. 그냥 싫어."

"공리주의 입장에서 보면 체벌은 정당할 수도 있어."

두 대화에 대한 느낌이 어떻게 다른가요? 그냥 무조건 체벌이 싫다는 사람과 공리주의를 내세워 정당성을 주장하는 사람. 왠지 나중에 말한 이의 말이 더 믿음직스럽지 않나요?

자신의 생각을 관철시키기 위해서는 내 주장을 논리적으로 펼칠 수 있게 도와 주는 '배경지식'이 있어야 합니다. 속담을 인용하거나 학설이나 이론 등의 배경지식을 내세우면 더욱 설득력이 있어요.

특히 신문과 뉴스에서 얻는 배경지식이 중요합니다. 왜냐하면 논술의 주제가 대부분 현재 우리 사회가 겪고 있는 문제이기 때문이죠. 따라서 논술을 위해 배경지식을 쌓다 보면 자연히 폭넓은 지식을 얻을 수 있습니다.

교과목이 논술과 연계되어 있어요

논술 하면 떠오르는 과목은 아마 국어일 거예요. 특히 비판적 읽기와 논리적 글쓰기 능력은 국어 교과 과정과 깊은 연관성을 가지고 있습니다.

수학이나 과학, 사회 같은 과목은 어떨까요? 초 · 중 · 고등학교의 교육 과정은 여러분의 인지 발달 수준에 맞게 구성되어 있습니다. 자연히 여러분의 사고 능력도 단계적으로 넓고 높아집니다. 따라서 모든 교과목이 논술과 연관된 내용과 체계를 가지고 있습니다.

또한 시험 문제가 단순히 번호를 고르는 선택형에서 문장으로 쓰는 서술형으로 바뀌고 있어요. 그 이유는 서술형 문제로 사고력, 문제 해결력, 창의력 등을 측정할 수 있기 때문입니다. 게다가 대학입시에서 논술 비중이 점점 커지고 있습니다. 학생의 인성과 실력 등을 쉽게 파악할 수 있어 수능평가보다 오히려 평가가 쉽기 때문이죠.

모든 교과목이 논술과 연관된
내용과 체계를 가지고 있어.

대학에서 전문적인 학문을 완성하기 위해

대학입시에는 수학능력시험 이외에 논술시험이 있습니다. 논술은 해마다 강화되고 있죠. 대학마다 논술에 중점을 두는 이유가 변별력을 갖기 위해서라고 하지만 더 깊은 뜻이 있습니다. 과연 이 학생이 대학 수업을 받을 능력이 되는지 시험해 보는 거랍니다.

대학 전공 책은 교과서와는 비교도 안 될 만큼 양도 많고 수준도 높답니다. 그리고 혼자 계획을 세워 연구하고 공부해야 합니다. 그렇게 스스로 학문을 완성해 나가려면 논리적 사고력이 필요합니다. 그러니 당연히 대학입시에서 논술이 중요한 자리를 차지하게 되었죠.

고등학교 때 논술 공부를 하면 된다구요? 오호호호호~! 논리적 사고는 습관과 같답니다.

말할 때의 버릇이 있듯이 글을 쓸 때도 마찬가지예요. 어렸을 때부터 논리적으로 생각하고 쓰는 훈련을 해야 '대학입시 논술' 이라는 거창한 말에도 주눅들지 않고 글을 써 나갈 수 있답니다.

제2장

토론 & 논술, 잘 쓰는 방법

1 초등학생에게 휴대전화가 필요할까?

토론하기

"휴대전화는 현대인에게 없어서는 안 될 필수품이라고 하죠. 요즘에는 초등학생 중에도 휴대전화를 갖고 다니는 학생들이 많습니다. 여러분은 초등학생의 휴대전화 소지 문제에 대해 어떻게 생각하나요?"

저는 반대합니다. 휴대전화는 밖에서 일을 보느라 집이나 사무실 등으로 연락을 할 수 없는 어른들이 사용하는 것입니다. 필요해서가 아니라 멋으로 휴대전화를 갖고 다니면서 쓸데없이 통화를 길게 하고 게임이나 하는 것은 어린이답지 않다고 생각합니다.

정희

저는 찬성합니다. 학교에서 바로 친구네 집에 가게 되거나 학원 수업이 늦어질 경우 집에 연락을 하려면 휴대전화가 편리합니다. 요즘은 어린이 관련 사건사고가 많아서 조금만 늦어도 집에서 걱정을 많이 합니다. 휴대전화가 있으면 바로 연락을 할 수 있어 안전하고 편리합니다.

진성

부모님이 모두 직장에 다닌다면 휴대전화가 필요할 수도 있습니다. 하지만 밖에서 집에 연락을 해야 할 경우 공중전화를 사용해도 됩니다. 수업 시간에 울리는 휴대전화 벨소리, 정말 짜증납니다.

정희

필요할 때마다 공중전화를 찾는 것은 너무 불편합니다. 그리고 수업 시간에는 진동으로 해놓거나 아예 꺼놓으면 됩니다. 휴대전화는 친구와 이야기도 나눌 수 있고 문자 메시지도 주고받을 수 있어서 우정을 돈독하게 해 주기도 합니다.

통화는 집전화로도 얼마든지 할 수 있습니다. 휴대전화 요금은 집전화보다 비쌉니다. 휴대전화 요금은 누가 냅니까? 부모님입니다. 부모님의 도움을 받으면서까지 굳이 휴대전화를 사용하는 것은 옳지 않습니다.

정희

일정 금액이 넘으면 발신이 안 되고 수신만 되는 학생 전용 요금제가 있습니다. 그러므로 요금에 대해서는 크게 걱정하지 않아도 됩니다.

진성

솔직히 휴대전화로 시시콜콜 수다떠는 게 다일 것입니다. 그리고 휴대전화에서는 전자파가 많이 나옵니다. 전자파는 우리의 건강을 해치기도 합니다.

정희

전자파는 휴대전화에서만 나오는 것이 아닙니다. 그리고 휴대전화에는 여러 가지 기능이 있습니다. 서로 조금씩만 조심해서 사용하면 휴대전화는 여러 편리한 기능을 활용할 수 있기 때문에 초등학생에게도 필요하다고 생각합니다.

2011년 2월 현재 우리나라 휴대전화 가입자 수가 4,800만 명을 넘어섰다고 한다. 우리나라 인구가 5천만 명인 것을 감안하면 거의 모든 국민이 휴대전화를 갖고 있는 셈이다.

초등학생 중에도 휴대전화를 갖고 다니는 학생들을 심심찮게 볼 수 있다. 이를 못마땅하게 생각하는 사람도 있지만, 나는 많은 장점 때문에 초등학생의 휴대전화 사용에 찬성이다.

요즘 초등학생은 어른 못지않게 바쁘다. 학원을 여러 군데 다니다 보니 오후 늦게, 혹은 저녁에 귀가하는 경우도 있다. 어린이 관련 사건사고가 증가하고 있어 부모님은 아이와 연락이 닿지 않으면 걱정이 이만저만이 아니다. 휴대전화가 있으면 긴급한 일이 생겼을 때 바로 연락할 수 있어 안심이다.

또한 친구들끼리 통화하고 문자 메시지로 연락을 주고받을 수 있다. 숙제를 하거나 공부를 하다가 궁금한 점이 생기면 늦은 시간일 때도 휴대전화로 바로 친구와 연락할 수 있으니 편리하다. 특히 친구와 싸웠거나 오해가 생겼을 때 문자 메시지로 쉽게 화해를 청할 수도 있다.

일정 요금 이상 나오면 자동으로 발신이 정지되고 수신만 가능한 학생 전용 요금제가 있으므로 요금도 그리 걱정하지 않아도 된다.

휴대전화는 단순히 통화나 연락만을 주고받는 도구가 아니다. 전자사전으로 공부도 할 수 있고 음악도 들을 수 있으며 사진도 찍을 수 있고 알람 기능도 있는 등 정말 많은 도움을 받을 수 있다.

이와 같은 장점이 있음에도 불구하고 초등학생의 휴대전화 사용에 반대하는 가장 큰 이유는 학생들이 휴대전화를 올바르게 사용하지 않기 때문일 것이다. 수업에 방해를 준다거나 게임에 빠져 지낸다면 휴대전화 사용을 말릴 수밖에 없다. 편리한 만큼 필요한 시간과 필요한 경우를 선택하는 지혜가 필요할 것이다.

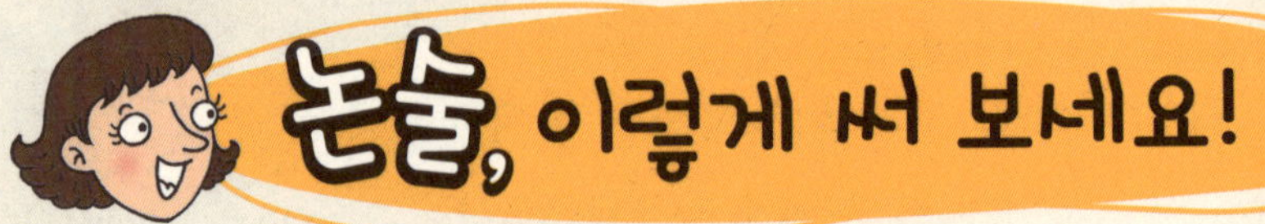

글쓰기를 두려워하지 말자

1 글쓰기는 생각쓰기

'아! 말로 하라면 수리 술술 잘할 텐데…….'

하얀 종이만 봐도 머리가 아파오나요? 그러면서 속으로 위와 같이 중얼거리겠죠. 맞아요, 바로 그거예요! 자신의 생각을 말 대신 글로 쓰는 것, 어떤 주제에 대해 글로 수다떠는 것, 그것이 바로 논술입니다! 간단하죠?

2 일단 써 보는 게 중요해요

글쓰기가 두려운 것은 처음부터 완벽한 글을 쓰려고 하기 때문이에요. 처음부터 완벽한 글을 쓰는 사람은 없답니다. 헤밍웨이는 〈노인과 바다〉라는 작품을 200번이나 고쳐썼다고 해요.

물론 작가들은 다른 사람의 마음을 움직이거나 내 주장을 효율적으로 표현하는 방법을 잘 알고 있을 거예요. 글을 아주 많이 써 봤을 테니까요. 무엇이든 연습을 하면 익숙해지고 실력이 쌓인답니다. 그러니 일단 써 보세요.

3 잊지 말아야 할 주제

주의할 점! 무엇에 대해 쓸지 주제가 확실해야 해요. 다른 글쓰기도 그렇지만 특히 논술의 경우는 자신의 생각을 다른 사람에게 알리거나 이해시킬 목적으로 쓰는 글이에요. 따라서 자신이 무슨 이야기를 하는지 글을 다 쓸 때까지 절대 잊으면 안 돼요.

2 시험은 꼭 봐야 할까?

토론하기

"학생이라면 누구나 시험에 대한 스트레스가 있을 것입니다. 그렇다면 시험은 꼭 봐야 하는 걸까요? 여러분은 어떻게 생각하나요?"

시험은 꼭 봐야 한다고 생각합니다. 만약 시험이 없다면 학교 수업을 열심히 듣지 않게 되고, 스스로 공부하는 학생은 별로 없을 것입니다.

저는 시험은 없어도 된다고 생각합니다. 공부는 스스로 하는 것입니다. 괜히 시험 때문에 공부 자체가 싫어질 수도 있습니다.

초등학생은 아직 스스로를 절제하는 능력이 부족합니다. 시험이 있어도 공부를 안 하는 학생이 많은데, 시험까지 없다면 더 많은 학생들이 공부를 하지 않을 것입니다. 시험은 내 수준을 테스트하는 좋은 기회이기도 합니다.

공부는 시험을 보기 위해서 하는 것이 아닙니다. 자기 자신을 위한 것이죠. 그런데 꼭 시험을 잘 보기 위해 공부하는 것 같습니다. 시험만 잘 보면 된다고 생각하는 아이들도 있습니다.

성적에 대한 중압감 때문에 커닝을 하기도 합니다. 또한 시험 때문에 학원을 여러 군데 다니는 아이들도 많습니다. 학원비는 학원비대로 나가고 잠은 잠대로 부족해 힘듭니다. 사교육이 문제가 되는 것도 모두 시험 때문입니다.

그렇게 힘들게 공부해서 좋은 성적을 얻었을 때는 성취감도 느낍니다. 성취감을 느끼며 한 단계 한 단계 성장해 갈 수 있습니다. 또한 어느 과목이 부족한지도 알 수 있으므로 시험은 꼭 필요합니다.

시험은 잘볼 수도 있고 못볼 수도 있습니다. 그런데 시험을 보고 나면 서로 몇 점인지 확인하고 공부를 잘하는 아이와 못하는 아이로 나뉘어 서로 견제합니다. 왕따를 만들기도 하고요. 학생들을 망치고 친구 사이까지 소원하게 만드는 시험은 없어지는 것이 낫습니다.

시험은 지금까지 수업을 잘 듣고 이해했는지를 점검하는 것일 뿐입니다. 약간의 스트레스는 긴장감도 주고 스스로를 다독이는 당근과 같은 것입니다.

초등학교는 가장 기초적인 지식을 배우는 곳입니다. 공부 습관을 들이는 때이기도 합니다. 그런데 시험이 없다면 제대로 된 지식을 쌓을 수도 없고 공부 습관을 들일 수도 없을 것입니다.

대부분의 초등학생이 시험 때문에 스트레스를 받고 있을 것이다. 시험을 잘 보기 위해 밤새 공부를 하고 학원에 다니고 그것도 모자라 고액 과외까지 받는다. 시험 스트레스로 인해 두통과 소화불량에 시달리거나 원형탈모증에 걸리는 학생도 있다고 한다.

그래도 나는 시험은 꼭 있어야 한다고 생각한다. 시험만큼 자신의 실력을 점검할 수 있는 좋은 기회도 없기 때문이다.

굳이 시험을 통해 평가받을 필요까지는 없다고 생각할 수도 있지만, 만약 시험이 없다면 자신의 실력이 어느 정도인지 알 수가 없다. 게다가 시험이 없다면 학생들은 스스로 열심히 공부하지 않을 것이다. 초등학생인 우리는 이런 저런 유혹에 휩쓸리기 쉽다. 시험을 보는 지금도 게임이나 만화 등의 유혹에 빠지기 일쑤이다. 공부는 뒷전이고 자기가 하고 싶은 것만 하게 될 것이다. 또한 시험은 꿈을 이루는 길잡이 역할을 한다. 대학 진학과 같은 장래 목표를 세우고 시험을 통해 성적 관리를 잘하면 한 걸음 한 걸음 자신의 꿈에 다가서는 것을 느낄 수 있다. 막연한 공부가 아니라 시험을 통해 그 결실을 얻는다면 더욱 열심히 공부하게 될 것이다.

초등학교에서 배우는 내용은 가장 기초적인 것이다. 반드시 배우고 익혀야 하는 내용이다. 게다가 초등학생 때 공부 습관을 들이지 않으면 중학교, 고등학교에 가서 공부에 집중하기 어려울 것이다. 공부 습관을 들이는 데 시험만한 것이 없다.

우리는 시험을 위해 공부하는 것이 아니다. 시험은 내가 공부를 제대로 하고 있는지 테스트하는 것이다. 그러니 시험 자체에 너무 스트레스 받지 말고 자신의 실력을 가늠해 개선해 가면서 앞으로 치러야 할 큰 시험에 대비해야 할 것이다.

시험만 생각하면
머리가 아프고 소화도 안돼.
내일이 시험인데 어떡해.
시험
꿈을 이루는 길잡이 역할을
시험이 하는 거야.

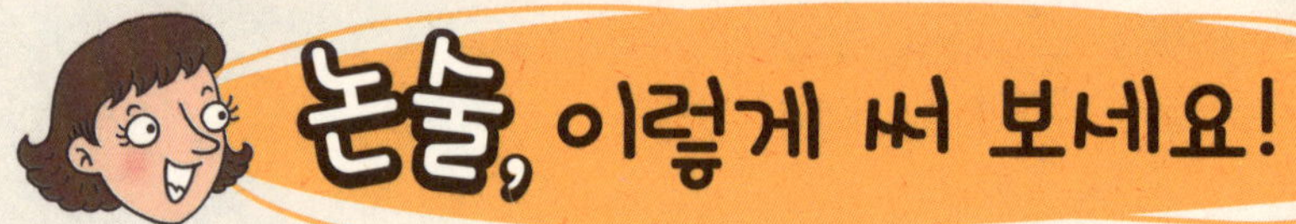

서론 쓰는 법

1 서론이란?

논술은 크게 서론, 본론, 결론 세 부분으로 나뉘어요.

서론은 글의 첫부분이에요. 이 논술을 쓰는 목적과 필요성을 밝히고 앞으로 전개될 본문 글의 길잡이 역할을 하죠.

서론은 옷가게의 쇼윈도와 같아요. 쇼윈도에 진열된 옷이 마음에 들어야 가게로 들어가듯이 서론은 독창적이고 인상적이어야 사람들의 호기심을 끌 수 있답니다.

2 서론 쓰는 법

흥미있는 서론을 쓰기 위해서는 지식을 최대한 많이 활용해야 해요. 어떤 흥미로운 문제를 제시하거나 속담, 격언, 일화 등을 통해 흥미를 불러일으킬 수도 있고, 내 주장과 반대되는 내용으로 시작하는 것도 좋은 방법이에요.

특히 찬반 양론을 쓸 때 좋아요. 논의 주제에 대해 자신과 대립되는 주장을 끌어들여 자신의 생각을 강하게 주장할 수 있어요.

3 서론 쓸 때 주의할 점

서론은 너무 길지 않게, 짧고 간결하게 쓰세요. 또 '알아보기로 하자' '살펴보기로 하자' 등의 표현은 좋지 않아요. 논술은 논제에 대한 자신의 생각을 쓰는 것입니다. 질문을 받고 나서 질문을 되풀이하는 것은 좋은 글이라 할 수 없어요.

3 무상급식 전면 시행에 대하여

토론하기

"서울시 교육청이 2011년 3월부터 1학년에서 4학년까지 무상급식을 제공한다고 밝혔습니다. 그럼에도 불구하고 아직 무상급식 전면 시행에 반대하는 의견들이 많습니다. 여러분은 이 문제에 대해 어떻게 생각하나요?"

저는 찬성합니다. 급식비를 못 내서 점심을 굶는 친구들이 있습니다. 또한 급식비를 지원받는 아이들은 다른 친구들의 눈치가 보입니다. 초등학교는 의무교육입니다. 학교에서 교과서를 무료로 나누어 주듯이 급식 또한 무료로 주는 것이 당연합니다.

같은 반 친구가 급식비 때문에 마음에 상처를 입는 것은 저도 안타깝게 생각합니다. 하지만 무상급식 전면 시행은 급식비를 내지 못하는 아이는 물론 형편이 좋은 아이들까지 급식을 받는 것입니다. 그것은 예산 낭비입니다. 무상급식 전면 시행에 한 해 2조 원이 든다고 합니다. 경제적으로 여유가 없는 나라에서 이런 예산을 감당하기란 어렵습니다.

무상급식 신청 과정에서 학생들은 열등감과 수치심을 느끼게 됩니다. 사회에 대해 불만을 갖게 될 수도 있습니다. 실제로 광주의 한 중학교에서 무상급식 증빙서류를 제출하라고 하자 스무 명의 학생이 무료급식을 포기했다고 합니다.

무상급식의 비용은 누가 대는 것입니까? 국민의 세금입니다. 결국 우리 부모님의 부담이 커진다는 것입니다. 물론 모든 학생이 질좋은 급식을 먹는다면 좋겠죠. 하지만 무상급식은 질이 떨어질 문제가 있습니다. 결국 부모님은 세금을 많이 내고 아이들은 맛도 없는 급식을 먹게 될 것입니다.

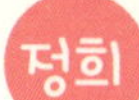

무상급식 의무화는 단순히 집안 형편이 어려운 친구를 돕기 위해서가 아닙니다. 무상급식은 차별을 없애고 우리 모두가 평등하고 즐거운 점심시간을 누릴 수 있게 하는 우리의 권리입니다.

평등이라고 하지만, 골고루 복지 혜택이 돌아가는 것이 아니라 어쩌면 누군가는 더 형편없는 복지를 누리게 될지도 모릅니다.

정희

이미 전라북도와 경상남도에서는 무상급식을 실시하고 있습니다. 따라서 경제적으로는 별로 문제가 없을 것이라 생각됩니다. 의무교육은 모든 학생들에게 똑같이 혜택이 돌아가야 한다고 생각합니다.

무상급식 논쟁은 선거를 위해 이용하는 것에 불과합니다. 정치적인 이슈가 아니라 정말 아이들을 위해 무엇이 필요한지 생각해야 할 것입니다.

서울시 교육청이 2011년 3월부터 1학년에서 4학년까지 무상급식을 실시한다고 밝혔다. 그러나 이에 대한 논쟁이 계속되고 있다.

의무교육 기간에 무상급식은 모든 학생이 누려야 할 당연한 권리로 여겨지고 있지만, 의무교육이라는 구실로 성급하게 무상급식을 전면 시행해서는 안 될것이다.

급식비를 지원받는 아이들이 눈치를 보는 것은 정말 가슴아픈 일이다. 하지만 다른 한편으로 무상급식은 경제적으로 여유있는 학생까지 지원하는 셈이 된다. 전체적으로 볼 때 무상급식 전면 시행은 예산 낭비이다.

만약 무상급식이 전면 시행되면 전체 교육 예산이 줄어들게 될 것이고, 그러면 학교 시설이나 교육 환경 등에 대한 투자가 적어져 학생들은 질이 떨어지는 환경에서 교육을 받게 된다. 교육 환경뿐만 아니라 급식의 질도 문제가 될 것이다.

2011년 현재 무상급식을 둘러싼 정치권의 대립은 쉽게 해결될 것 같지 않다. 한편에서는 지방 선거를 앞두고 정치인들이 인기를 얻고자 무상급식 문제를 이용하고 있다고 한다. 만약 그렇다면 더더욱 신중해야 한다.

무상급식 전면 시행에 필요한 예산이 한 해 약 2조 원이라고 한다. 제대로 준비하지 않고, 정치권의 인기 끌기식 공약이라면 우리는 부실한 교육환경에서 질낮은 급식을 먹고 부모님은 비싼 세금만 내게 될 것이다.

무상급식 전면 시행 문제는 성급하게 결정할 문제가 아니다. 의무교육을 내세워 밀어붙일 것이 아니라, 우선 저소득층에 한정해 무상급식을 실시하고, 앞을 길게 내다보고 조금씩 확대해 나가는 것이 바람직할 것이다.

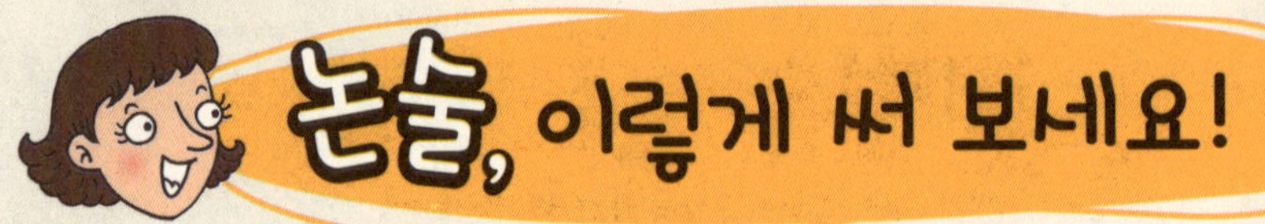

본론 쓰는 법

1 본론이란?

본론은 자기 주장의 타당성을 논리적으로 증명하며 문제의 요구 사항을 해결해 나가는, 논술의 핵심 부분이라고 할 수 있어요. 서론이나 결론이 한두 문단으로 처리되는 것과 달리 본문은 여러 개의 문단으로 구성됩니다.

2 본론 쓰는 법

글을 쓰기 전에 글 전체의 윤곽을 메모해 두는 것이 좋아요. 그러면 글이 논점에서 벗어날 염려가 없을 뿐만 아니라, 글 전체가 논리적이어서 탄탄하게 자신의 주장을 뒷받침할 수 있어요.

증명해야 할 문제들은 하나씩 단락으로 구성하세요. 단, 단락이 너무 길면 논점이 흔들리기 쉽고, 너무 여러 개로 쪼개면 산만해질 수 있으니 주의하세요.

상대방의 반론도 염두에 두어야 해요. 나의 주장을 논리적으로 서술하는 데만 그치지 말고 상대 주장의 문제점을 밝혀 비판하면 완벽한 논술이 될 수 있습니다.

3 본론 쓸 때 주의할 점

본론에서는 객관적 논거를 충분히 제시해야 해요. 감정에 치우쳐 일방적으로 주장하면 설득력을 잃게 됩니다. 그리고 서론에서 제기한 내용과 밀접하게 연계시키되 서론의 내용을 반복하지는 마세요.

4 체벌은 꼭 있어야 할까?

토론하기

“체벌이 전면적으로 금지되었다가 2011년 1월에 간접 체벌이 허용되기도 했습니다. 체벌에 대한 여러분의 생각을 자유롭게 이야기해 봅시다.”

저는 체벌에 찬성합니다. 잘못된 행동을 했을 때 말로 타일러도 되지 않으면 체벌을 통해서라도 학생을 바른 길로 인도해야 한다고 생각합니다.

저는 반대입니다. 왜 꼭 체벌을 통해야 바른 길로 인도할 수 있습니까? 우리는 사람입니다. 말로 하면 다 알아듣습니다. 서커스의 동물들이나 채찍질을 하면서 훈련시키는 것입니다.

저는 선생님과 학생을 위해서 체벌은 반드시 있어야 한다고 생각합니다. 수업 분위기를 흐린다든지 공동생활에 문제를 일으킨다면 반드시 강하게 통제를 해야 한다고 생각합니다.

체벌을 해야만 통제가 되는 것은 아닙니다. 또 체벌에는 감정이 실리기 마련입니다. 감정을 조절하면서 체벌을 하기란 힘듭니다. 선생님의 그 날 기분에 따라서 체벌의 기준이 달라질 수 있습니다. 선생님을 위해서도 체벌을 해서는 안 됩니다. 대화를 통해서 풀어가는 것이 좋다고 생각합니다.

선생님이 한 명 한 명과 충분히 대화하고 문제를 해결하기란 너무 어렵습니다. 학교 질서를 유지하기 위해서 체벌은 반드시 필요합니다.

체벌을 받아야 할 만큼 문제가 되는 학생은 그렇게 많지

않습니다. 따라서 대화 시간 역시 그리 많이 필요하진 않을 것입니다. 오히려 대화로 풀기가 귀찮아서 체벌을 주고 마는 식이 될 수도 있습니다.

실제로 체벌이 사라진 학교는 어떻습니까? 선생님을 놀리고 폭행까지 합니다. 미꾸라지 한 마리가 물을 흐리듯 문제 학생 한 명이 수업 분위기는 물론 학급 분위기도 흐릴 수 있습니다.

벌점을 준다든지 출석을 못하게 한다든지 체벌 이외에 다른 방법도 많습니다. 외국에서는 벌점이 몇 점 이상이면 어린이와 어머니가 학교에 와서 교장 선생님께 지도를 받는다고 합니다. 그래서 부모님들은 자녀들이 학교에 갈 때 다른 학생들에게 피해를 주지 말라고 신신당부한다고 합니다.

과연 그러한 것들이 체벌만큼 효과가 있을지는 의문입니다. 체벌이 전면 금지되었다가 간접 체벌이 허용된 것만 봐도 체벌의 필요성에 대해 알 수 있을 것입니다.

'매를 아끼면 아이를 망친다'는 외국 속담이 있다. 그런데 우리나라는 체벌 금지령이 내려졌다. 다시 간접 체벌이 허용되긴 했지만, 나는 체벌은 반드시 있어야 한다고 생각한다.

학교는 공동 생활을 하는 곳이다. 당연히 교칙이 있고 학생들은 교칙에 따라야 한다.

만약 교칙을 지키지 않으면 그에 해당하는 벌을 받아야 한다. 말로 타이를 수도 있지만, 학생에 따라 말이 통하지 않는 경우도 있다. 그럴 경우 체벌로 바로잡을 수밖에 없다.

'사랑의 매' 라는 말이 있다. 선생님의 체벌에는 기본적으로 학생을 사랑하는 마음이 깔려 있다. 학생을 바른 길로 인도하려는 것이다. 실제로 체벌이 사라진 교실에서는 예전보다 더 큰 문제가 발생하고 있다. 아이들이 선생님을 놀리고 심지어는 선생님을 때리기까지 한다. 그러고는 체벌이 금지되었으니 때리려면 때려 보라는 식이다. 다른 학생들이 과연 마음 편하게 학교 생활을 할 수 있을까? 문제 학생을 제대로 지도하지 않는 선생님이 원망스러울 것이다.

물론 때로는 폭력으로 느껴지는 체벌도 있다. 지나치게 심한 체벌도 있고, 일관성 없이 학생을 화풀이 상대로 여기는 듯한 체벌에는 문제가 있다.

체벌은 교육상 마지막 수단으로 사용되어야 한다. 선생님의 기분에 따라 체벌을 가한다든지, 감정을 통제하지 못하면 체벌은 사랑의 매가 아니라 폭력이 된다. 이를 위해서는 체벌에 대한 명확한 기준을 정해서 시행되도록 해야 할 것이다.

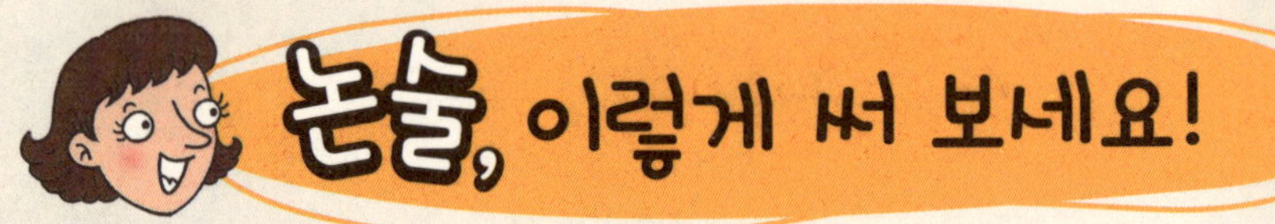

두 가지 논술

1 찬반형 논술

찬반형 논술은 찬성과 반대 중 반드시 어느 한쪽의 입장에 서야 해요. 따라서 알맞은 논거를 제시해 가면서 얼마나 설득력있게 논술을 작성하는가가 중요합니다.

논제는 시사성이 강한 것이 특징입니다. 그러므로 시사에 관심을 두어야 해요. 평소에 글을 읽으면서 왜 그런지 이유를 들어 보거나 반대 입장에서 생각해 보는 습관을 들이는 것이 좋아요.

2 해결형 논술

해결형 논술은 제시된 자료들의 의미를 분석하고 문제점과 원인을 살펴 해결책이나 구체적인 실천 방침을 제시하는 논술이에요.

그림이나 동영상, 표 등이 자료로 제시될 수도 있지만 대부분은 글로 된 지문을 자료로 제공합니다. 지문이 긴 경우도 있으므로 무엇보다 글의 내용을 잘 읽고 파악하는 것이 중요해요.

찬반형 논술처럼 상대방의 의견에 반론을 펴는 글이 아니라, 문제의 핵심을 파악해야 하기 때문에 여러 각도에서 생각할 수 있는 사고력을 길러야 합니다.

그리고 해결형 논술은 결론 부분에서 해결책을 너무 많이 기술해서는 안 됩니다. 해결책 제시 자체가 논제가 아니니까요.

5 초등학생이 이성교제를 해도 될까?

“여러분은 여자친구 또는 남자친구가 있나요? 요즘은 초등학생들도 커플인 경우가 많다고 해요. 여러분은 초등학생들의 이성교제에 대해 어떻게 생각하나요?”

저는 초등학생들의 이성교제에 반대합니다. 섣불리 이성친구를 사귀면 공부할 시간을 빼앗길 수 있기 때문입니다. 어른들이 ‘모든 일에는 다 때가 있다’ 라는 말씀을 하시곤 합니다. 판단력이나 자제력이 떨어지므로 어느 순간 공부는 뒷전이고 이성친구에만 빠져 있을 수 있습니다. 어차피 이성친구는 나중에 사귀게 될 테니까 지금은 공부에 신경을 쏟는 게 좋다고 생각합니다.

정희

동성친구도 공부에 방해가 되기는 마찬가지입니다. 정신없이 어울려 놀다 보면 시간을 빼앗기기 일쑤입니다. 저는 초등학생의 이성교제에 찬성합니다.

진성

동성친구와 이성친구는 다릅니다. 지나치게 멋을 부리느라 시간도 빼앗기고, 이성친구 생각에 공부에 집중을 못합니다. 또한 동성친구와의 관계도 소원해져 우정을 잃기 쉽습니다.

정희

이성친구 앞에서는 행동이나 말투도 조심하게 되고, 성적이 떨어지지 않도록 공부도 열심히 합니다. 또한 이성친구를 사귀면 남을 배려하는 마음을 배우게 됩니다. 서로 양보하고 상대방을 이해하려는 마음이 생깁니다. 그것은 동성친구에게서는 얻을 수 없는 값진 것입니다.

진성

친구들의 이성교제를 보면, 물론 같이 공부할 때도 있지만, 주로 PC방이나 영화관에서 데이트를 즐깁니다. 커플반

지나 가방, 옷 등을 선물하기도 합니다. 많은 돈이 들어 부담이 되기도 합니다. 이성친구에게 잘 보이려고 용돈을 낭비하는, 올바르지 못한 경제 관념을 갖게 됩니다.

정희

선물을 주고받는 것은 동성친구도 마찬가지입니다. 영화관이나 PC방에는 동성친구하고도 자주 갑니다. 똑같은 곳을 가는데 커플이라고 해서 불량하게 보는 것은 옳지 않습니다.

진성

초등학생이라면 초등학생답게 행동해야 합니다. 이성친구를 사귀면서 어른 흉내나 내는 것이 문제입니다. 자칫하면 탈선과 범죄를 저지를 수도 있습니다. 초등학생은 아직 자제력과 판단력이 많이 떨어지기 때문입니다. 조금 더 성장했을 때 이성교제를 해도 늦지 않다고 생각합니다.

보건교육연구회가 2006년 4월 발표한 '초·중·고생 건강태도와 의식조사 결과'를 보면, 초등학교 4~6학년 학생의 18.2%가 이성교제 경험이 있는 것으로 나타났다. 지금은 훨씬 더 많은 초등학생들이 이성친구를 사귀고 있다.

어린 학생들이 이성교제를 해 봐야 얼마나 하겠느냐, 혹은 상대에 대한 배려심이나 양보심을 배울 수 있다며 찬성하기도 하지만, 나는 초등학생은 아직 이성교제를 하기에는 이르다고 생각한다.

이성친구가 생기면 아무래도 신경이 쓰이게 된다. 공부를 하다가도 이성친구 생각에 집중력이 떨어져 자칫 성적이 떨어질 수도 있다. 또한 이성친구에게 잘 보이기 위해 외모에 신경쓰다 보면 공부는 뒷전이 된다.

주위 커플들을 보면 커플링이나 커플티를 맞춰입고 다닌다. 서로 선물을 하는 경우도 있고 돈을 모아 함께 사는 경우도 있다. 데이트를 한다고 패스트푸드점이나 PC방에 가다 보면 용돈이 부족해 부모님께 자주 손을 벌리게 된다. 이성친구 때문에 돈을 낭비하는 옳지 못한 경제 관념을 갖게 될지도 모른다. 그렇게 잘 사귀다가 헤어지면 또 문제가 생긴다. 이별의 아픔 때문에 공부는 물론 친구들 사이까지 소원해지기 때문이다. 아직 어려서 갑작스러운 감정 변화에 대처할 능력이 부족한 초등학생에게는 큰 문제가 아닐 수 없다. 간혹 드라마나 인터넷에 올라온 동영상을 보고 호기심에 따라하는 커플도 있다. 초등학생은 아직 미성년자이다. 호기심은 많은 반면 자제력은 떨어지고, 옳은 일인지 그른 일인지 판단력도 떨어진다. 따라서 자칫 탈선할 수도 있다.

'모든 일에는 다 때가 있다'라는 말이 있다. 조금 더 성장했을 때 이성교제를 시작해도 늦지 않을 것이고, 그 때에야 비로소 건전한 이성교제를 할 수 있을 것이다.

호기심이 많고
자제력은 부족한 때야.
아직은 판단력이 흐리지.
이성이든 동성이든 좋은 친구를
사귀는 것이 중요해.
이성교제를 하기에는
좀 이른 때야.

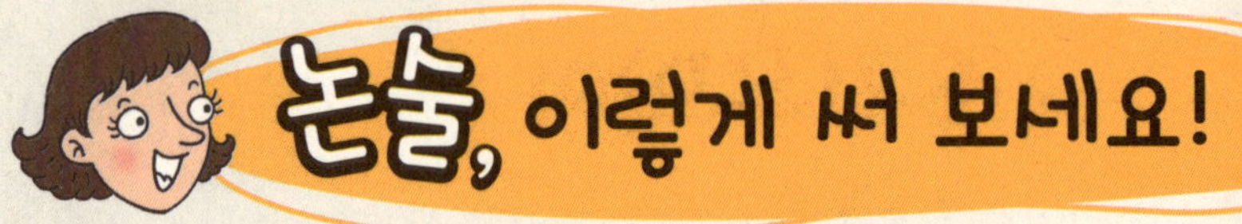

결론 쓰기

1 결론이란?

결론은 자신의 의견을 분명하게 밝히는 곳입니다. 또한 지금까지 썼던 내용을 요약하거나 다시 강조하는 부분이기도 합니다.

2 결론 쓰기

결론은 자기 주장이 분명하게 나타나도록 강조하며 마무리해야 합니다. 서론과 본론에서 사용하지 않은 속담이나 격언을 이용하면 더욱 인상깊은 글이 될 수 있어요. 서론에서 제시한 문제의 해결책이나 앞으로의 전망, 제안이나 결의를 나타내는 문장도 좋습니다.

결론을 잘 쓰려면 본문과 결론의 내용을 적절히 안배해야 해요. 본론에서 요약과 정리까지 다 해 버리면 결론에서는 할 말이 없게 되겠죠. 그러다 보면 했던 말을 반복하거나 엉뚱한 말로 글을 맺게 됩니다.

3 결론 쓸 때 주의할 점

결론은 자신의 주장을 분명하게 밝히고 정리하는 부분입니다. 용두사미가 되지 않도록 주의해야 해요.

또한 앞에서 주장한 내용을 똑같은 말로 되풀이하지 마세요. 앞으로의 전망과 당부, 제안을 하되 훈계하거나 애걸하듯 호소하지 마세요. 갑자기 자기 주장을 바꾸거나 주장에 어긋나는 이야기를 해서도 안 됩니다.

6 조기유학이 도움이 될까?

토론하기

"조기유학의 기세가 꺾이지 않고 있습니다. 조기유학을 떠나는 학생의 나이도 점점 어려지고 있죠. 조기유학에 대해 어떻게 생각하는지 토론해 봅시다."

진성

조기유학은 문제가 많습니다. 우선 가족과 멀리 떨어져 있다는 점입니다. 어린 나이에 가족과 오랫동안 떨어져 있으면 정서적으로 문제가 생길 수 있습니다. 뿐만 아니라 부모가 이혼을 하거나 가족이 목숨을 끊는 등 가족이 분해되는 일도 있습니다.

정희

하지만 현지에서 배우는 것과 한국에서 배우는 것은 다릅니다. 우리가 한국어를 배운 것도 엄마 아빠 등 주위에 온통 한국어를 하는 사람이 있기 때문입니다. 그리고 언어는 어렸을 때 배우는 것이 속도도 빠르고 발음도 좋다고 합니다.

진성

과도한 유학비로 외화가 유출되는 것도 문제입니다. 유학 및 연수 비용으로 2006년 8월 한 달에만 5억 2,000만 달러가 해외로 유출되었다고 합니다. 그 돈이면 그냥 한국에서 가족과 함께 공부하는 게 더 나을 수 있습니다.

정희

유학을 가서 배우는 것은 언어만이 아닙니다. 많은 외국 친구와 외국 문화를 접하게 됩니다. 언어와 문화 체험을 동시에 할 수 있으니 조기유학은 필요하다고 생각합니다.

외국에 나간다고 해서 다 성공하는 것은 아닙니다. 한국 학생들끼리 어울려 결국 외국어를 제대로 배우지 못하는 경우도 있습니다. 또한 문화 충격으로 엇나가는 사람도 많습니다.

정희

새로운 문화를 접해 더 큰 세계관을 가질 수도 있습니다. 어른이 되어 외국에 진출할 기회를 많이 얻을 수도 있습니다. 지금 당장은 돈도 많이 들고 가족과 떨어져 살게 되어 쓸쓸하지만 그 외에 얻는 것이 많으므로 그 정도의 고통은 감수할 수 있다고 생각합니다.

진성

외국에 나가 있는 동안 한국 친구들과 관계를 지속하기가 쉽지 않습니다. 또 외국 친구를 이야기했는데, 한국으로 돌아온 후 그 친구들과 친분을 계속 쌓기는 힘들 것입니다.

정희

한국에 들어오지 않고 외국에서 자리를 잡을 수도 있습니다. 그러니 한국 친구보다 외국 친구가 더 중요할 수 있습니다.

조기유학을 떠나는 이유는 대부분 대학입시 때문입니다. 자신이 정말 무엇을 위해 유학을 떠나는지 확실하지 않으면 실패할 확률이 높습니다.

조기유학을 떠나는 초등학생이 해마다 늘고 있다. 좋은 환경에서 색다른 문화를 접하며 외국어 공부를 하겠다는 생각으로 조기유학을 떠날 것이다. 그러나 나는 어린 나이에 가족과 떨어져 지내야 하는 조기유학은 별로 도움이 되지 않는다고 생각한다.

어린 나이에 가족과 떨어져 지내다 보면 심리적으로 불안정할 수 있다. 스트레스도 많이 받을 것이다. 또한 한국과는 전혀 다른 문화를 받아들이기도 힘들 것이다. 문화 충격에 방황하게 되고 나쁜 유혹에 쉽게 넘어가게 된다.

아이 혼자 가는 것은 위험하다며 엄마하고만 유학을 떠나기도 한다. 한국에 혼자 남아 유학비를 대는 아빠를 가리켜 '기러기 아빠'라 부르는 신조어까지 생길 만큼 많은 가족이 헤어졌다. 기러기 아빠는 외로움을 견디다 못해 자살하고, 때로는 부모가 이혼하는 경우도 생긴다. 아이의 조기유학으로 가족이 완전히 무너지는 것이다.

조기유학으로 낭비되는 외화 또한 무시하지 못한다. 유학 및 연수 비용으로 2006년 8월 한 달에만 5억 2,000만 달러가 해외로 새나갔다고 한다. 차라리 그 돈으로 한국에서 가족과 함께 공부하는 게 더 나을 수 있다.

그리고 너무 어렸을 때 유학을 떠나면 초등학생 때 배워야 하는 교과 내용을 배우지 못한다. 만약 성인이 되기 전에 돌아와 한국에서 학교를 다녀야 할 경우, 교과 내용을 이해하지 못하고 따라가지 못할 수도 있다. 영어만 잘할 뿐 국어, 수학, 과학 등의 성적은 떨어지게 되어 과연 조기유학이 필요할까 생각하게 된다.

조기유학으로 영어 실력은 많이 늘겠지만 잃는 것이 너무 많다. 남들이 가니까 나도 간다는 식이 아니라, 자신의 뜻과 의지가 확고할 때 가는 것이 좋다. 그래야 힘든 생활도 견딜 수 있고 외화 낭비도 줄일 수 있어 성공적인 유학이 될 것이다.

남들이 가니까
나도 간다는 식은
안돼.
자신의 뜻과 의지가 확고할 때
떠나는 것이 좋아.
기러기 아빠!
힘들겠어.
영어 실력은 늘겠지만
잃는 것이 너무 많아.

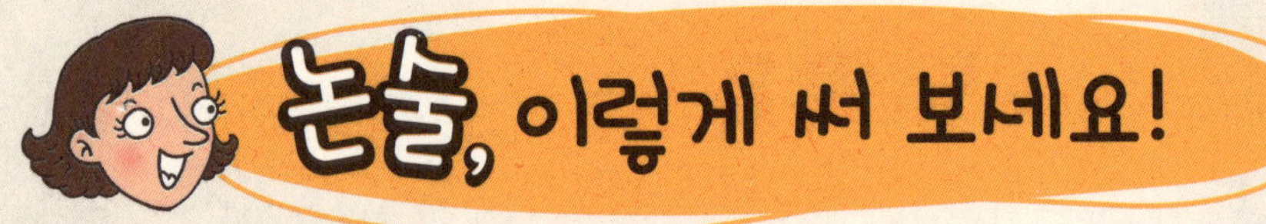

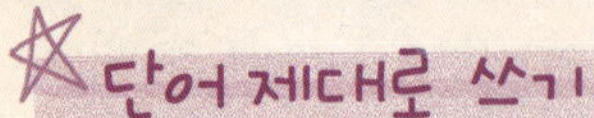

1 단어의 중요성

논술에서는 사용하는 단어 하나 하나가 중요한 의미를 가집니다. 모호한 단어를 사용하면 자신의 주장을 제대로 펼치지 못하고 오류가 생길 수 있습니다.

자신이 잘 모르는 어려운 단어를 쓰면 전달력만 떨어뜨릴 뿐입니다. 그러므로 평소에 어휘력을 길러둬야 합니다.

2 어휘력 기르기

어휘력을 기르는 가장 좋은 방법은 독서입니다. 책을 읽다가 모르는 단어가 나오면 앞뒤 단어들과 문장 전체의 흐름을 살펴 의미를 생각해 보세요. 그래도 모르겠다 싶으면 사전을 찾아 정확한 뜻을 알아야 합니다.

3 잘못 쓰고 있는 단어의 예

우리말에는 비슷하지만 뜻이 전혀 다른 단어들이 있어요. 예를 들면 '틀리다/다르다' '지향/지양' '가르치다/가리키다' 등과 같은 단어예요.

중복 표현도 조심하세요. '역전앞'은 앞을 뜻하는 한자어 '前'에 '앞'이라는 한글을 더한 중복된 단어입니다. '전선줄' '해변가' 같은 단어는 물론 '지난 과거' '아름다운 미인' 역시 중복된 문장입니다.

7 별명을 함부로 불러도 될까?

토론하기

"친구들끼리 이름 대신 별명을 부르는 경우가 많습니다. 별명 때문에 친해지기도 하고 불편해지기도 하는데, 여러분은 별명을 부르는 것에 대해 어떻게 생각하나요?"

저희 아빠는 어렸을 적 친구를 보면 별명이 먼저 떠오른다고 합니다. 별명은 긴 세월도 무색하게 만들 만큼 기억하기 쉽고 친근함을 느낄 수 있어서 좋다고 하십니다. 저도 같은 생각입니다.

저는 별명을 함부로 부르는 것에 반대합니다. 별명은 대

부분 외모나 성격을 보고 짓게 됩니다. 별명 가운데 예쁘거나 듣기 좋은 것이 있습니까? 돼지, 사오정, 방구쟁이 등 상대방을 놀리기 위한 것이 대부분입니다.

별명은 친구들끼리 친근감을 표시하는 것입니다. 모르는 사람에게 별명을 짓지는 않습니다. 그리고 별명은 친한 친구끼리만 부릅니다. 놀리는 것이 아니라 장난삼아 편하게 부르는 것인데 왜 화를 내는지 이해할 수 없습니다.

솔직히 별명을 친한 친구끼리만 부르지는 않습니다. 뒤에서 흉을 볼 때 친구들끼리 별명을 지어 수군댑니다. 별명을 마치 암호처럼 사용해 당사자가 앞에 있는데도 뻔뻔하게 이야기하는 사람도 있습니다.

하지만 오래 기억에 남는 것은 이름이 아니라 별명입니다. 10년, 20년 뒤에 우리 반 아이들을 다 기억할 수는 없을 것입니다. 그 때 별명을 부르면 누구나 쉽게 기억할 수 있습니다.

앞에서도 말했듯이 별명은 외모나 성격을 보고 짓는 경우가 많습니다. 10년, 20년 뒤에도 울보, 돼지, 삐죽이 등으로 기억된다면 당사자는 얼마나 마음이 아프겠습니까?

반대로 생각해 보면 돼지라는 별명이 싫으면 살을 빼면 됩니다. 별명은 자신을 되돌아보게도 합니다. 그리고 그러한 별명도 한때의 추억으로 남을 것입니다.

친한 친구 사이일수록 예의를 지켜야 합니다. 별명을 함부로 부르는 것은 상대방을 존중하는 태도가 아닙니다.

별명을 지으려면 그 사람의 성격이나 외모 등을 잘 관찰해야 합니다. 그만큼 관심을 갖고 있다는 뜻입니다. 별명은 상대방을 골탕먹이거나 기분나쁘게 하려는 것이 아니라 관심을 표시하는 것입니다.

별명은 사람의 외모나 성격을 보고 지어 부르는 이름이다. 겉으로 드러난 특징을 잡아 붙이다 보니 별명을 들으면 그 사람의 외모나 성격 등을 대충 짐작할 수 있다. 그래서 오랜 세월이 흘러도 이름보다는 별명을 듣고 그 사람을 기억하게 된다. 그러나 별명은 말 그대로 별명일 뿐이다. 이름처럼 함부로 불러서는 안 된다고 생각한다.

별명은 주로 친한 친구끼리 부른다. 스스럼이 없어 도를 넘기도 한다. 사람이 많은 곳에서도 거리낌없이 부른다. 별명을 부르지 말라고 하면 너무 예민하게 군다며 오히려 놀림을 받는다. 당사자는 진심으로 싫을 수도 있다. 그런데도 굳이 이름 대신 별명을 부를 필요는 없다고 생각한다.

또한 누군가를 험담할 때 이름 대신 별명을 지어 수군거리기도 한다. 심지어는 당사자가 옆에 있는데도 마치 다른 아이인 듯 별명을 부르며 대놓고 흉을 보기도 한다.

별명이 싫으면 그렇게 보이지 않도록 하면 된다고 한다. 뚱뚱보라는 별명이 싫으면 살을 빼고, 삐딱이라는 별명이 싫으면 마음을 곱게 가지라고 한다. 하지만 이름이나 생김새 등 바꿀 수 없는 것도 있다. 친구의 단점을

들춰내듯이 별명을 짓기보다는 장점을 보고 상대방이 들어도 기분좋은 별명을 지어야 한다고 생각한다.

물론 별명을 지으려면 관심이 있어야 한다. 하지만 남을 놀리고 골탕먹이기 위한 관심이라면 차라리 없느니만 못할 것이다.

오랜 시간이 흐른 뒤 친구를 기억하는 데는 이름보다 별명이 더 효과적일 수 있다. 그러나 누군가는 자신이 기분나쁜 별명으로 불렸다는 것까지 기억할 수도 있음을 잊으면 안 될 것이다.

별명은 욕은 아니지만 때로는 그보다 더 심할 수 있다는 것을 명심하고 친한 친구 사이일수록 예의를 지켜야 할 것이다.

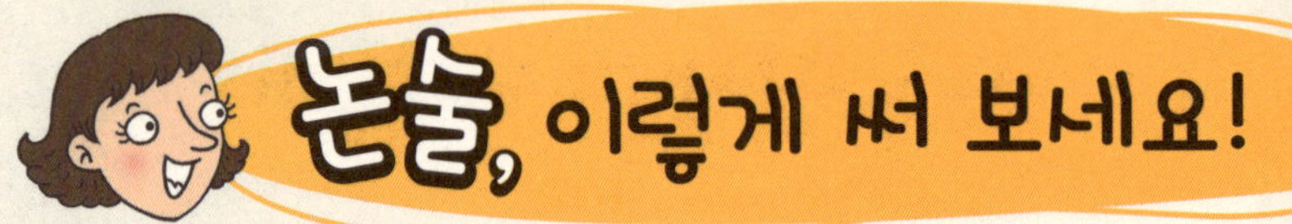

문장 제대로 쓰기

1 올바른 문장 쓰기

의미를 정확하게 전달하려면 문장을 올바르게 써야 합니다. 올바른 문장이란 표기가 정확하고 뜻이 명료하게 전달되는 문장을 말해요. 쉬운 단어들로 간결하게 표현되어 누구나 읽고 이해하기 쉬워야 좋은 문장이라고 할 수 있습니다.

2 주의해야 할 문장 쓰기

❶ 영어식 표현에 익숙해져서 글을 쓸 때 실수하는 경우가 있어요. 대표적인 것이 '~로부터' '~을 통해서' 등과 같은 것입니다. 일본어식으로 쓰는 경우도 있어요. 단어 사이사이에 '의'를 많이 쓰는 것과 '~라고 하는 것은' '~함에 있어도' 등도 일본식 표현이에요.

❷ '이 글은 김정희 학생에 의해 쓰여졌다'와 '이 글은 김정희 학생이 썼다' 두 문장 중 어느 것이 더 자연스럽나요? 앞의 것은 피동문이고 뒤의 것은 능동문입니다.

우리말은 피동형을 쓰면 문장이 어색하고 행동의 주체가 잘 드러나지 않아 글의 힘이 떨어집니다. 아마 우리말에 영어식 표현을 대입했기 때문인 듯해요. 국어를 사용하면서 굳이 영문법을 적용할 필요는 없겠죠?

8 초등학생이 염색이나 화장을 해도 될까?

토론하기

"최근 어린이용 색조 화장품이 인기를 끌고 있습니다. 어린이가 화장을 하는 것에 대해 자신의 의견을 말해 봅시다."

진성

저는 어린이가 화장하는 것에 반대합니다. 어린이는 어린이다워야 합니다. 어린이가 어른처럼 진하게 화장을 하고 머리를 염색하는 것은 아름답지 않다고 생각합니다.

정희

화장은 어른이 하는 것이므로 어린이는 하면 안 된다는 것은 억지입니다. 어른들도 여자만 화장을 하는 것이 아니

라 남자도 합니다. 누구나 예뻐지고 고운 피부를 갖고 싶어 합니다. 가꾸는 일에 관심이 많다고 문제가 되지는 않는다고 봅니다.

간단한 로션이나 크림 정도는 괜찮다고 생각합니다. 하지만 요즘 초등학생은 눈 화장에 색조 화장까지 합니다. 연예인이나 어른들처럼 화려한 화장을 하는 것은 나쁘다고 생각합니다. 자신을 가꾸는 것이 아니라 어른 흉내를 내는 것으로 보입니다.

사람들이 예쁘다고 칭찬을 하면 자연스럽게 자신감이 생깁니다. 화장과 염색을 해서 스스로 만족하고 자신감을 얻을 수 있다면 좋은 것이라고 생각합니다.

문제는 어린이용 화장품이 과연 피부에 좋을까 하는 것입니다. 품질이 확인되지 않은 화장품을 잘못 쓰면 피부를 해칠 수도 있습니다.

요즘은 어린이 전용 화장품이 따로 있고, 믿을 만한 회

사 제품을 사용하면 됩니다. 염색도 개인이 직접 하는 것이 아니라 미용실에서 하는 경우가 많습니다. 부작용은 조금만 조심하면 막을 수 있습니다.

아무리 좋은 염색약이라 해도 자주 하면 두피도 상하고 머리카락도 상한다고 합니다. 그리고 외모에 너무 신경쓰다 보면 공부를 소홀히하게 됩니다. 성적이 떨어져 오히려 자신감을 잃게 될 것입니다.

솔직히 예쁜 사람을 싫어할 사람은 없을 것입니다. '예쁘면 다 용서가 된다' 는 말까지 있을 정도입니다. 화장이나 염색이 다른 사람에게 피해를 주는 것도 아닙니다.

예쁘게 보이기 위해 화장과 염색을 한다는 것은 외모 지상주의의 영향입니다. 어린이 화장품은 어린이의 소비만 부추기는 것 같습니다. 그리고 교실에서 화장품 냄새를 풍기거나 화려한 염색을 한 아이가 있으면 자연히 공부에 방해가 될 것입니다. 또한 관심 없던 아이들까지 호기심이 생겨 따라하게 됩니다.

초등학생 중에도 외모에 신경을 쓰는 학생이 많다. 옷차림이나 머리 모양뿐만아니라 이제는 화장을 하고 염색을 하는 학생도 늘고 있다.

어른처럼 화장을 하고 액세서리를 하고 다니는 고학년 초등학생을 가리키는 '프리틴(Pre-teen)'이란 말까지 생겼을 정도다. 하지만 초등학생이 화장과 염색을 할 필요는 없다고 생각한다.

초등학생은 아직 어려 피부가 어른보다 연약하다. 자칫 독한 화장품 때문에 피부가 상할 수도 있다. 특히 여드름이 나는 10대에 화장을 하면 모공을 막아 피부가 숨을 쉬지 못해 여드름이 악화될 수도 있다.

믿을 만한 회사의 제품이라도 화장이나 염색을 하는 데는 그만큼 시간이 걸린다. 한번 화장을 하면 자주 거울을 봐야 하고, 염색한 머리가 자라면 또다시 시간과 돈을 들여 염색을 해야 한다. 이래저래 시간을 빼앗기다 보면 자연히 공부에 지장을 줄 것이고 성적도 떨어질 것이다.

일단 외모에 시간과 정성을 들이면 그런 쪽에 더 집중하게 된다. 연예인처럼 보이고 싶어 화장과 염색에 더 신경을 쓰지만 결국 만족하지 못하고 스트레스와 짜증만 쌓일 것이다.

외모보다 내면의 아름다움이
더 값진거야.
화장도 하고 염색도 하고 나 예쁘지?
외모 지상주의적인
발상이군.
가장 아름다운 모습은
나이에 맞는 얼굴이야.

화상과 염색으로 외모를 가꾸는 것은 외모 지상주의의 발상이다. 외모로 사람의 가치를 판단해서는 안 된다. 가장 아름다운 모습은 나이에 맞는 얼굴일 것이다. 지금은 우리들만의 풋풋한 모습을 유지하는 것이 좋다.

화장이 무조건 나쁘다는 것은 아니다. 화장을 하면 예뻐 보여 사람들 앞에 당당하게 설 수 있고 자신감을 얻을 수도 있다. 하지만 화장이나 염색으로 외모를 돋보이게 하여 얻는 자신감보다는 내면의 아름다움으로 키운 자신감이 더 가치가 있다고 생각한다.

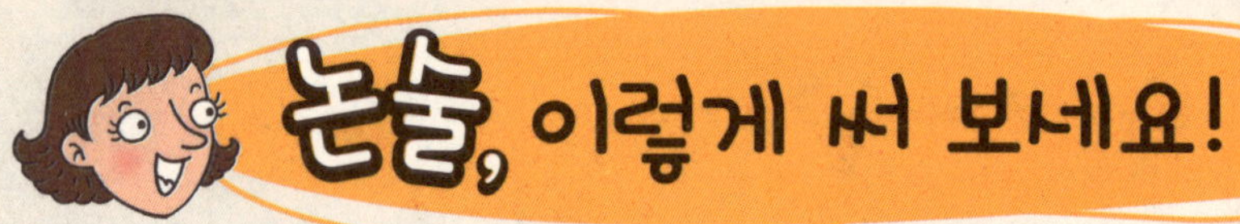

어울리는 문단 쓰기

1 중심 문장

한 문단의 문장은 크게 '중심 문장'과 '뒷받침 문장'으로 나눌 수 있습니다. 중심 문장은 글쓴이의 생각이 담겨 있는 핵심입니다. 짧고 간결한 문장으로 써야 효과적입니다. 중심 문장은 주로 앞에 쓰고 뒷받침 문장을 뒤에 써서 의미를 북돋워 줍니다.

2 뒷받침 문장

뒷받침 문장은 말 그대로 중심 문장을 뒷받침하기 위한 문장입니다. 중심 문장의 주제와 관련된 예시, 근거나 이유, 구체적 사실 등을 풀어 씁니다. 알맞은 내용으로 이뤄지면 문단이 통일되고 일관성과 논리성이 있다고 하죠.

3 뒷받침 문장 쓰는 방법

❶ **설명하기 –** 중심 문장의 내용을 알기 쉽게 설명하는 것입니다. 예를 들면 '구체적으로 말하면' '다시 말하면' 등과 같은 것입니다.

❷ **근거 들기 –** 근거를 들어서 중심 문장의 주장을 뒷받침하는 것입니다. 예를 들면 '왜냐하면' '그 이유는' '그러므로' 등입니다.

❸ **예를 들기 –** 역사적인 사실이나 실제로 일어난 사건 등을 쓰는 것입니다.

"명품을 선호하는 사람들이 많습니다. 명품 하나쯤은 갖고 있어야 한다고 생각하는 사람들도 있구요. 여러분은 명품에 대해 어떻게 생각하나요?"

저는 명품은 꼭 있어야 한다고 생각하지 않습니다. 특히 경제적인 능력도 없으면서 명품만 고집하는 것만큼 어리석은 일도 없다고 봅니다.

저는 명품 사용에 찬성합니다. 사실 명품을 갖고 있으면 그 사람을 보는 눈빛 자체가 달라집니다.

그러니까 명품을 들고 있으면 자신감도 생기고 남 앞에서 당당할 수 있습니다.

정희

명품족은 자신감이 결여된 사람입니다. 남에게 과시하기 위해 무분별한 소비로 거액의 카드빚을 지는 사람도 있습니다. 명품을 사려고 아르바이트까지 하는 학생들을 보면 한심하다는 생각밖에 안 듭니다.

진성

진정한 명품족은 자신이 부담할 수 있는 선에서 소비합니다. 마음에 들어서, 필요하다고 느껴서 사는 사람까지 모두 나쁘게 볼 필요는 없다고 생각합니다.

정희

가격이 비싸다고 품질까지 좋은 건 아닙니다. 같은 공장에서 만든 똑같은 제품이 시장에도 나가고 백화점에도 나가는데, 백화점에서는 몇 배나 비싸게 받는다는 뉴스를 본 적이 있습니다. 유명 브랜드의 옷값이 비싼 것은 다 이름값일 뿐입니다.

명품은 유명 디자이너나 회사에서 만든 것이 아니라 소비자가 얼마나 만족하느냐에 따른 것이라고 생각합니다. 자신의 개성을 잘 표현할 수 있고 품질까지 좋다면 그것이야말로 명품이라고 생각합니다.

명품은 비싼 만큼 값어치를 합니다. 소위 싸구려 제품은 생명도 짧고 질도 좋지 않습니다. 하지만 명품은 질도 좋고 문제가 생기면 바로 AS를 받을 수 있습니다. 제품의 가치도 가치지만 소비자로서 받는 대우를 생각하면 역시 명품이라고 생각하지 않을 수 없습니다.

명품 역시 사람이 쓰는 물건일 뿐입니다. 물건 때문에 사람이 휘둘려서는 안 됩니다. 명품을 갖고 있다고 해서 우쭐대거나 다른 사람을 멸시하는 자세는 옳지 않습니다. 그러한 생각 때문에 명품을 사기 위해 범죄까지 저지르게 되는 것입니다.

값비싼 유명 상품을 명품이라고 부른다. 명품은 대부분 외국 제품이고, 어른뿐만 아니라 초등학생, 심지어는 유아용품 시장에서도 그 수요가 늘고 있다. 또한 가격이 비싸기 때문에 부의 상징이 되기도 한다. 그러다 보니 명품은 남에게 과시하기 위해서라도 하나쯤 있어야 한다고 생각하는 사람들도 있다. 하지만 나는 그런 사람이야말로 가난한 사람이라고 생각한다.

이솝우화에 '어리석은 당나귀' 라는 이야기가 있다. 장군을 태우고 가던 당나귀가 사람들이 장군에게 인사하는 것을 자신에게 하는 줄 알고 우쭐대다 된통 혼나는 이야기이다. 값비싼 명품으로 치장하면 그것을 걸친 사람도 명품이 된다고 믿는 사람이야말로 당나귀와 같은 사람이다.

같은 공장에서 만들어진 제품이 시장으로, 일부는 상표를 붙여 백화점으로 납품되기도 한다. 명품의 가격은 제품 가격이 아니라 상표 가격일 수도 있다. 소비자는 상품 자체보다는 회사 브랜드에 돈을 지불한다고 할 수 있다. 물론 명품은 교환이나 환불, AS가 확실한 장점은 있다. 그러나 저가품이라고 해서 AS가 전혀 안 되는 것도 아니다.

가격이 비싸다고 명품이 아니듯 가격이 싸다고 다 품질이 떨어지는 것은 아니다. 오히려 품질과 경제적인 면에서 저가품이 명품보다 나은 경우도 있다. 경제적 능력이 없어서 저가품을 사용한다는 생각은 잘못된 것이다.

명품을 손에 넣기 위해 범죄를 저지르는 사람도 있다. 그렇게까지 해서 명품을 가진들 무슨 소용이 있을까? 다른 사람에게 과시하고자 산 명품 때문에 자신은 점점 더 초라해질 뿐이다.

물건으로 인해 사람의 가치가 올라갈 수는 없다. 스스로에게 자신이 없는 사람이 명품으로 치장을 하며 눈속임을 하는 것이다. 아직 초등학생인 우리는 우리의 가치를 높일 수 있는 시간과 기회가 많다. 쓸데없는 치장보다는 지식과 지혜로 스스로를 치장하는 것이 옳은 일일 것이다.

이 가방 명품이잖아.
멋지다.
과시용 명품은 자신을
점점 더 초라하게 만들어.
갖고 싶어.
명품으로 쓸데없이 치장하는 것보다는
지식과 지혜로 스스로를 치장하는 것이 옳은 일이야.

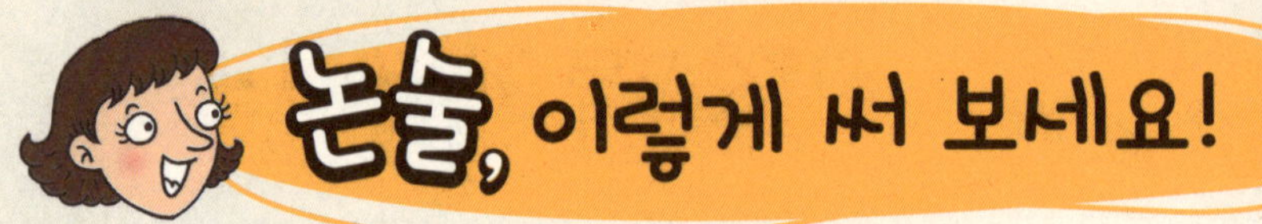

문단의 종류

1 두괄식 : 중심 문장+뒷받침 문장

두괄식 문단은 중심 내용이 앞에 오기 때문에 독자의 관심을 집중시킬 수 있어요. 첫 주제가 명확하게 드러나므로 자신의 생각을 분명하게 주장할 수 있습니다. 교과서의 논술에 대한 글들은 대부분 두괄식 문단이에요.

2 미괄식 : 뒷받침 문장+중심 문장

뒷받침 문장을 먼저 쓰고 중심 문장을 뒤에 써서 소주제를 드러내는 방식입니다. 중심 생각이 나중에 나오기 때문에 극적인 느낌을 주기도 하죠.

3 중괄식 : 뒷받침 문장+중심 문장+뒷받침 문장

문단의 가운데에 중심 문장을 두는 형식입니다. 중심 문장 앞뒤로 뒷받침 문장이 오기 때문에 자칫 앞에서 한 말을 반복한다는 느낌을 주기 쉽습니다. 또한 중심 문장을 찾기 어려워 주제가 선명하게 드러나지 않을 수도 있어요.

4 양괄식 : 중심 문장+뒷받침 문장+중심 문장

뒷받침 문장이 앞과 뒤의 중심 문장의 이해를 돕습니다. 주제를 앞뒤에서 반복하면서 자신이 주장하고자 하는 바를 분명하게 드러내고, 주장의 내용을 쉽게 파악할 수 있습니다. 두 중심 문장은 서로 내용은 일치하되 표현 형식은 달라야 합니다.

10 약을 편의점에서 팔아도 될까?

토론하기

"약은 약국에서 약사만이 판매할 수 있죠. 그런데 약국이 문을 열지 않는 심야 시간대와 휴일에 응급약을 구하기 어려워 약을 편의점에서도 팔게 하자는 의견이 있습니다. 이 문제에 대해 여러분은 어떻게 생각하나요?"

저는 편의점에서 약을 파는 것에 찬성합니다. 물론 약국처럼 모든 약을 팔 수는 없지만, 간단한 구급약 정도는 파는 게 좋다고 생각합니다.

저는 반대합니다. 약은 약사가 팔아야 합니다. 약은 병을

고치기도 하지만 잘못 사용하면 병을 키울 수도 있습니다.

전문적인 약은 물론 약사가 팔아야 합니다. 그러나 해열제나 소화제 정도는 괜찮다고 생각합니다. 한밤중에 열이 나는데 집에 비상약은 없고 약국도 닫혀 있다면 밤새 열과 씨름해야 합니다.

그럴 때는 응급실에 가면 됩니다. 응급실은 24시간 개방되어 있습니다.

응급실은 큰 병원에만 있습니다. 게다가 진료비도 비쌉니다. 그렇다고 특별한 처방이 있는 것도 아닙니다. 결국 약을 타기 위해 병원에 가서 비싼 돈을 지불해야 하는 것입니다.

그래서 심야 응급 약국이 있습니다. 새벽 2시, 또는 24시간 문을 여는 약국이 있습니다. 심야 약국을 이용하는 것도 한 방법입니다.

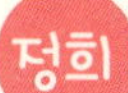

심야 약국은 응급실보다 찾기가 더 힘듭니다. 서울에 20개가 채 되지 않습니다. 또한 제멋대로 문을 일찍 닫기 일쑤여서 이용하기가 쉽지 않습니다. 소화제나 해열제 같은 일반 약품은 의사나 약사 처방 없이도 구입할 수 있고, 복용 방법도 포장지에 잘 표시되어 있습니다.

하지만 함부로 약을 사게 되면 약을 남용하게 됩니다. 두통약으로 잘 알려진 타이레놀은 음주 후에 복용하면 간 독성이 증가해 사망할 수도 있다고 합니다. 안전하다고 알려진 약 중에도 잘못 복용하면 부작용을 낳을 수 있습니다. 그리고 약은 많이 먹을수록 면역력이 떨어지게 됩니다. 약을 사기가 번거로우면 그만큼 복용 빈도도 줄어듭니다. 편의점에서 약을 팔게 되면 24시간 언제든 약을 먹을 수 있어 남용할 우려가 큽니다.

지난 설 연휴에 갑자기 급체를 해서 고생한 적이 있다. 휴일이라 병원은 물론이고 약국까지 모두 문을 닫아 하루 종일 설사를 해야 했다. 지사제 한 알만 먹으면 되었을 텐데 말이다.

일본이나 미국, 홍콩 등에서는 편의점에서도 약을 판다고 한다. 우리나라에서도 편의점에서 약을 판다면 나는 찬성이다.

심야에 갑자기 아프면 응급실에 가야 할 것이다. 그러나 소화제 한 알이면 충분한 증상에 응급실까지 갈 수는 없는 노릇 아닌가. 특히 갓난아기의 경우 열이 오르면 몸에 경련이 일어날 수도 있고 더 큰 병으로 커질 수도 있다.

만약 집에도 약이 없고 약국문도 닫혔다면 정말 응급 상황이 아닐 수 없다. 그럴 때 편의점에서 해열제를 구입할 수 있다면 한시름 놓을 수 있을 것이다.

응급실은 모든 병원이 갖추고 있지 않다. 대학병원 같은 큰 병원에 가야 한다. 응급실에 간다고 해도 별다른 치료를 하는 것이 아니다. 문진을 하고 약을 처방해 준다. 그리고 병원비는 일반 병원보다 배는 비싸다. 약 한

봉지 타기 위해 한밤중에 먼 응급실까지 가서 비싼 돈을 쓰는 셈이다.

지금도 심야 약국을 운영하고는 있다. 약국에 따라서 새벽 2시, 혹은 24시간 문을 여는 약국이 있다. 그러나 시간을 제대로 지키지 않고 일찍 문을 닫기 일쑤이다. 그나마도 심야에 약을 찾는 손님이 별로 없다는 이유로 그 수가 점점 줄고 있다. 가까운 편의점에서 간단한 약을 팔면 약국을 찾아 헤매는 일도 없을 것이다.

만약 24시간 편의점에서 약을 팔게 되면 사람들은 쉽게 약과 접할 것이다. 그냥 참고 넘어갈 만한 증세에도 약을 남용할 수 있다. 그러나 전문적인 치료약이 아니라 증세를 완화시켜 주는 정도의 상비약은 판매했으면 한다. 심야 시간대나 휴일에 약국을 찾아 헤매는 불편함이 더 이상 없었으면 한다.

응급실
가까운 편의점에서
해열제를 팔았으면
응급실에 갈 필요가 없는데…

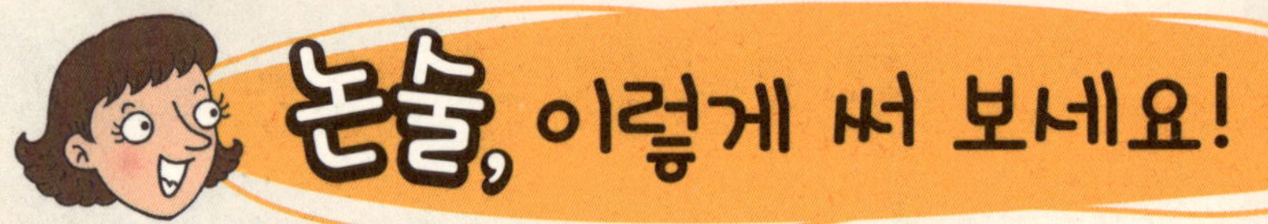

종합적 사고력을 키우자

1 종합적 사고력이란?

종합적 사고력이란 한 문제에만 한정지어 생각하는 것이 아니라 그와 관련된 다른 문제까지 아울러 생각하여 핵심을 파악해내는 능력입니다. 그러므로 종합적 사고력은 단지 논술에만 필요한 것이 아닙니다.

2 왜 필요할까?

논술은 자신의 생각을 서술하는 글입니다. 따라서 수학 공식처럼 정해진 답이 없습니다. 각자 성격이 다르듯 결과도 다르게 나타나게 됩니다. 다만 누가 얼마나 넓은 시각으로 바라보고 다양한 논리를 전개하느냐에 따라 독창적인 결과를 내놓을 수 있는 것입니다.

모든 문제는 여러 가지 상황이나 현상과 복잡하게 얽혀 있습니다. 따라서 종합적으로 사고하지 않으면 결론에 쉽게 도달하지 못하게 되고, 결론에 도달했다고 해도 단편적인 해결에 그치고 말 것입니다.

3 어떻게 생각해야 할까?

우선 문제 의식을 갖고 대상을 관찰하는 자세가 필요합니다. 선입견이나 편견을 버리고 객관적인 태도를 유지하는 것이 중요하죠. 만약 고정 관념에 빠져 있다면 문제 해결 방법이 고지식하거나 일반적인 수준에서 벗어나지 못할 확률이 높습니다.

11 꿈을 위해 공부를 하지 않아도 될까?

토론하기

“ 자신의 꿈을 이루기 위해, 또는 자신의 특기를 위해 학교를 중간에 그만두는 학생들이 있습니다. 자신의 꿈과 특기를 위해 정규 교육을 다 받지 않는 것에 대해 토론해 봅시다. ”

진성

저는 반대입니다. 학교는 여러 분야의 지식을 가르치는 곳입니다. 아무리 큰 꿈을 가지고 있고 실력이 있더라도 기본적인 지식은 갖춰야 한다고 생각합니다.

정희

저는 찬성입니다. 지식은 학교에서만 배울 수 있는 것이 아닙니다. 자신의 재능과 적성을 개발하는 데 학교가 도움이 되지 않는다면 굳이 끝까지 다닐 필요가 없다고 생각합니다.

나중에 자신의 길이 아니라고 생각할 수도 있습니다. 학교에서 여러 과목을 공부하는 것도 저마다의 숨은 재능을 찾기 위해서입니다. 그리고 학교에서는 지식만 얻는 것이 아닙니다. 친구들과의 우정은 나중에 큰 재산이 된다고 들었습니다.

또한 의무교육은 누구나 받아야 할 최소한의 교육입니다. 아무리 재능이 뛰어나더라도 기본이 없으면 어느 분야에서든 성공하기 어렵습니다.

학교를 다니지 않는다고 외톨이가 되는 것은 아닙니다. 자신이 원하는 일을 하면 그 속에서 친구도 사귀고 우정도 나눌 수 있습니다.

학교를 졸업하지 않고도 성공한 사람들은 많습니다. 가수 '보아'는 초등학생 때 가수의 꿈을 이루기 위해 학교를 그만두었습니다. 지금은 우리나라와 일본 그리고 미국을 오가며 활동하는 세계적인 가수가 되었습니다.

꿈을 위해 공부를 포기하는 사람들은 대부분 연예인을 꿈꾸고 있는 것 같습니다. 그런 사람들은 당장 몸으로 표현해야 하는 자신의 꿈을 이루는 데 급급해 학교를 그만두지만, 결국에는 다시 공부를 하게 됩니다. 재능에 지식을 더해야 더 좋은 작품이 나올 수 있기 때문입니다.

경력이 우선시되는 경우도 있습니다. 학교에 다니느라 시간을 낭비하느니 뛰어난 재능을 가지고 있으면 얼른 경력을 쌓아 다른 사람보다 아니, 세계의 누구보다 빨리 정상에 서는 것이 낫습니다.

소위 아이돌 스타가 텔레비전에 나와 말하는 것을 보면 기본적인 상식이 없는 경우가 많습니다. 그리고 직접 음악을 만드는 것도 아니고 다 기획사에서 시키는대로 할 뿐입니다. 앵무새처럼 노래하고 서커스 동물처럼 행동하는 것은 재능이 아니라고 생각합니다.

우리나라는 중학교까지 의무교육이다. 그런데 중간에 학교를 그만두는 학생들이 늘고있다. 그 이유는 자신의 꿈을 더 빨리 이루기 위해, 학교가 적성에 맞지 않아서 등 다양하다.

하지만 나는 학교는 반드시 다녀야 한다고 생각한다. 학교는 사람이 사회생활을 하는 데 필요한 최소한의 것을 가르쳐 주는 곳이기 때문이다.

의무교육은 사회인으로서 갖춰야 할 최소한의 지식과 상식을 배우는 것이다. 만약 의무교육을 받지 않으면 어른이 되었을 때 다른 사람에게 뒤처질 것이다.

음악이나 미술 등에 소질이 있는 사람은 다른 과목을 배울 필요가 없다고 생각한다. 또한 수학 시간에 배운 것이 살아가는 데 얼마나 도움이 되느냐고 묻는 사람도 있다. 하지만 좋은 예술 작품은 많은 지식과 교양 속에서 발전된다. 당장에는 쓸모없어 보이는 수학이나 과학은 두뇌의 창의력 개발에 도움이 된다.

물론 학교를 중퇴하고 성공한 사람도 있다. 학교에 적응하지 못하던 학생이 검정고시를 통해 성공하기도 하고 일찍 재능을 발견해 세계적인 가

스타
난 꿈을 빨리 이루기 위해
자퇴할래.
학교생활을
가볍게 생각하면 안돼.
의무교육은 사회인으로
갖춰야 할 최소한의
지식과 상식을 배우는 것이야.

수가 된 사람도 있다. 하지만 그런 사람은 아주 일부일 뿐이다. 그리고 그런 사람들은 보통 사람 이상의 의시와 재능을 가시고 있나. 그런네 유행처럼 휩쓸려 앞뒤 생각없이 학교를 그만두는 것은 옳지 않다.

단순히 학교를 다니기가 싫어서, 공부가 싫어서 무턱대고 학교를 중퇴하는 실수를 저질러서는 안 된다. 학교는 우리의 많은 가능성을 발견해 줄 수 있는 곳이다. 꿈을 빨리 이루겠다는 생각에 학교생활을 가볍게 생각하지 말아야 한다. 충실히 학교생활을 하면서 자신의 재능도 발견하고 좋은 친구도 사귀는 것이 더 큰 성공이라고 생각한다.

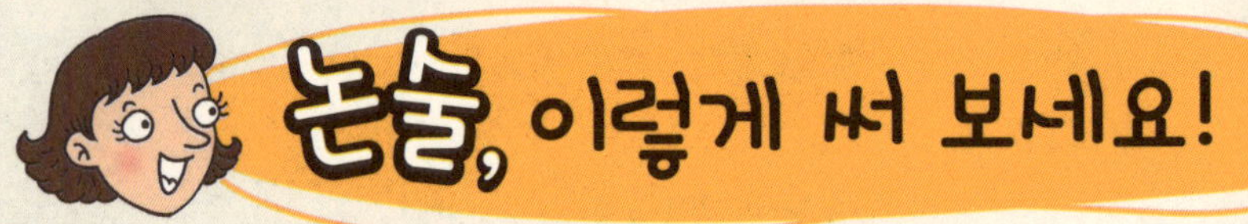

창의적 사고력을 키우자

1 창의적 사고력이란?

새롭고 독창적인 산출물을 만들어내는 능력입니다. 같은 현상을 보고도 다른 사람이 찾지 못한 다른 것을 관찰해내는 능력이죠. 급변하는 현대 사회에서는 지금까지와는 다른 문제 해결을 바라는 경우가 많기 때문에 창의적 사고가 무엇보다도 중시되고 있습니다.

2 왜 필요한가?

논술은 어떤 문제에 대한 자신의 의견이나 주장을 펴는 글입니다. 다른 사람을 설득하려면 사실에 근거한 보편타당한 논지를 갖춰야 합니다. 하지만 모든 학생들의 글이 천편일률적이라면 나만의 논술이 되지 못하겠죠.

실제로 서울 시내 한 대학에서 논술 시험을 채점한 결과 3,700장 중 2,000장이 거의 같았다고 합니다. 내 글의 가치를 높이려면 창의적 사고력이 반드시 필요합니다.

3 창의적 사고력 키우는 방법

우선 사물을 여러 각도에서 볼 줄 알아야 합니다. 그러려면 예리한 관찰력을 키워 보편적인 시선에서 벗어나야 해요.

일단 주제를 정하고 스스로 자유롭게 생각하는 훈련을 해 보세요. 생각나는 대로 주제에 대해 써 봅니다. 그리고 친구와 서로의 아이디어에 대해 이야기해 보세요. 의견을 나누면서 자신의 상식의 틀을 깨고 한층 더 성장할 수 있습니다.

12 공동주택에서 애완동물을 키워도 될까?

토론하기

"애완동물은 반려동물이라고 하여 가족으로 여기는 사람들이 늘고 있습니다. 하지만 공동주택에서 애완동물을 길러 이웃에 피해를 주는 문제가 생기고 있습니다. 공동주택에서 애완동물을 키우는 것에 대해 이야기해 봅시다."

정희

저는 공동주택에서 애완동물을 키우는 것에 반대합니다. 공동주택은 말 그대로 여러 사람이 같이 사는 곳입니다. 따라서 서로 지켜야 할 예의가 있습니다.

애완동물은 반려동물입니다. 아이나 환자들이 애완동물과 같이 지내면 성격도 좋아지고 정신 건강에도 좋다고 합니다. 많은 장점이 있는데 애완동물을 기르는 것에 반대하는 것은 옳지 않습니다.

애완동물도 동물 나름입니다. 애완견을 예로 들면 우선 소음이 문제입니다. 밤낮을 가리지 않고 짖어대는 통에 다른 사람에게 피해를 줍니다.

애완견이 하루 종일 짖는 것은 아닙니다. 또 제대로 훈련을 받으면 함부로 짖지 않습니다. 만약 정도가 심하고 이웃에 피해를 준다면 짖을 때마다 약한 전기 충격을 주는 목걸이를 걸거나 성대 수술을 해도 됩니다.

애완견이 짖지 못하도록 한다는 것이야말로 동물 학대입니다. 또 소리만이 문제가 아닙니다. 우리 아파트 놀이터는 강아지 대소변으로 더러워져서 놀이기구를 탈 수도 없습니다. 애완동물의 배설물에서 세균과 기생충이 검출되었다는 뉴스도 보았습니다. 애완견 뒤처리도 제대로 하지 않으면서 다른 사람에게 배려를 하라는 것은 이기적입니다.

그러나 사회가 변함에 따라 사람들의 생각도 조금씩은 달라져야 한다고 생각합니다. 요즘은 아파트에 사는 사람이 많습니다. 애완동물을 키우면 생명의 소중함도 알게 되고 맞벌이 가정이나 외동 아이의 친구 역할도 합니다.

정희

개는 충성심이 강합니다. 주인이 아닌 다른 사람에게는 공격적으로 나올 수도 있습니다. 목줄도 하지 않고 그냥 풀어 놓아서 아이들이 다치기도 합니다. 또 아파트의 경우 여름에 문을 열어 놓으면 복도에 나와 마구 짖고 집으로 들어오기도 해 깜짝 놀라기도 합니다.

다른 사람에게 피해를 입히면서까지 공동주택에서 애완동물을 키우면 안 된다고 생각합니다.

2010년 농림수산식품부 산하 국립수의과학검역원의 발표에 의하면, 현재 반려동물을 키우고 있는 가구 비율은 17.4%에 이른다. 이 중 94.2%가 개를 키우고 있다.

애완견을 가족으로 생각할 만큼 사랑하는 것은 좋으나 다른 사람에 대한 배려가 부족한 듯하다. 공동주택에서 애완견을 키우는 예가 바로 그것이다.

아파트 같은 공동주택에서 애완견을 기르는 것은 문제가 많다.

우선 소음이다. 기르는 사람은 애완견 짖는 소리가 아무렇지도 않을지 모르지만 다른 사람에게는 소음에 지나지 않는다.

배설물 문제도 그러하다. 놀이터나 산책로, 심지어는 아파트 엘리베이터에 배설물이 있는 것을 보면 저절로 인상이 찌푸려진다. 게다가 놀이터 모래에서 세균과 기생충이 검출되었다는 뉴스를 본 적이 있다. 애완견을 키우는 사람의 이기심 때문에 많은 아이들이 마음껏 놀지도 못한다.

애완견은 주인은 귀여울지 모르지만 다른 사람에게는 무서운 존재가 될 수 있다. 개를 무서워하는 아이들은 애완견이라 해도 두려운 존재이다. 그런데 목줄도 안 하고 함부로 뛰어다니게 방치하거나, 도망가는 아이들을 쫓아가도 그냥 내버려두는 것 역시 문제다.

물론 애완견이 장애인을 도와 주고 알코올 중독자나 마약 중독자들의 치료에도 도움을 주고 있다. 핵가족화된 요즘에는 애완견을 키우며 쓸쓸함을 달래는 할머니, 할아버지도 있다.

하지만 기본적으로 지켜야 할 예의가 있다. 그 예의는 공동주택에서 지키기 어렵다. 공동주택에서는 나 혼자만을 위한 이기심을 버리고 모두를 위한 마음을 가져야 할 것이다.

공동주택에서는 이기심을 버리고
모두를 위한 마음을 가져야 돼.
너무 예뻐.
우리 강아지가 최고야.
엄마야~~

비판적 사고력을 키우자

1 비판적 사고력이란?

어떤 문제에 대해 옳은지 그른지 판단하는 능력을 말합니다. 다양한 관점에서 접근해 해결하고 문제점이 무엇인지 바르게 파악하는 것입니다.

2 비판적 사고력의 중요성

똑같은 상황에서 똑같은 정보를 접했을 때 적절한 판단을 내리기 위해서는 비판적 사고력이 필요합니다. 모순과 불합리를 파악해 보다 나은 상태로 나아가게 하는 원동력이라 할 수 있죠.

정보와 가치를 올바르게 판단하는 것은 창조적 사고력과도 이어집니다. 그래서인지 비판적 사고력은 21세기 최고의 경쟁력이라고도 하고, 미국을 비롯한 세계 각국에서 교육의 최대 목표로 삼고 있기도 합니다.

3 비판적 사고력 키우는 방법

아마 최고의 연습은 논술 쓰기일 것입니다. 그 중에서도 어느 한쪽의 주장을 선택해야 하는 찬반형 논술은 근거를 제시하며 옳고 그름을 판단해야 하기 때문에 비판적 사고력을 기를 수 있는 좋은 방법입니다.

또 하나의 좋은 방법은 토론입니다. 토론은 자신의 의견이 타당하고 상대방의 논거가 부당하다는 것을 밝히는 것이므로 자연히 비판적 사고력이 늘기 마련입니다.

13 선의의 거짓말은 필요한가?

토론하기

“거짓말은 나쁘다고 배웠습니다. 그런데 어쩔 수 없이 선의의 거짓말을 해야 할 경우도 있습니다. 여러분은 선의의 거짓말은 해도 괜찮다고 생각하나요, 아니면 해서는 안 된다고 생각하나요?”

저는 거짓말은 무조건 해서는 안 된다고 생각합니다. 원래 나쁜 것에 선의가 어디 있고 악의가 어디 있습니까? 거짓말은 다른 사람을 속이는 것입니다. 따라서 어떠한 경우든 거짓말은 나쁘다고 생각합니다.

거짓말이 나쁘기는 하지만 선의로 하는 거짓말은 다르다고 생각합니다. 선의의 거짓말을 해야 할 때가 많습니다. 예를 들어 미용실에서 자른 머리가 마음에 안 드는 친구가 “내 머리 이상해?” 하고 물었을 때 “괜찮아.”라고 대답해 주는 것이 좋습니다. 이미 자른 머리인데 어떻게 할 수 있는 것도 아니잖습니까? 괜찮다고 선의의 거짓말을 하면 친구는 그래도 조금은 마음을 놓을 수 있을 것입니다.

정희

이상하다고 솔직하게 대답해 주면 친구는 다시 미용실을 찾아가서 다른 스타일을 할 수도 있습니다. 당장은 친구의 기분이 상할지 모르지만 나중에는 고맙게 생각할 것입니다.

양치기 소년은 거짓말을 많이 해 양을 잃었습니다. 거짓말을 하면 주위 사람들에게 믿음을 잃게 됩니다. 거짓말은 또다른 거짓말을 낳게 됩니다. 선의의 거짓말도 자주 하면 진짜 거짓말쟁이가 될 수 있습니다.

누구를 골탕먹이거나 나쁘게 속일 의도가 아니라면 문제될 것이 없습니다. 그리고 나쁜 거짓말이라면 상대방이

화를 내겠지만 선의의 거짓말은 대부분 웃어넘깁니다.

정희

거짓말도 버릇입니다. 한두 번 거짓말을 하다 보면 나중에는 걷잡을 수 없이 커져, 선의의 거짓말이 나쁜 거짓말이 되고 맙니다.

지혜의 책이라고도 하는 〈탈무드〉에서도 남에게 해를 주지 않는 거짓말을 '하얀 거짓말' 이라고 부르며 해도 된다고 했습니다.

선의의 거짓말은 나중에 상대방이 알았을 때도 그다지 기분나쁘지 않습니다.

산타 할아버지의 존재에 대해 없다고 하는 사람은 없을 것입니다. 그것도 거짓말 아닙니까? 하지만 이것은 아이들에게 희망을 주는 선의의 거짓말입니다.

거짓말에는 악의의 거짓말과 선의의 거짓말이 있다. 거짓말은 나쁜것이라고 배웠지만 나는 좋은 뜻을가지고 하는 선의의 거짓말은 해도 된다고 생각한다.

〈탈무드〉에서는 특히 다음 두 가지 경우에는 거짓말을 하라고 권하기까지 한다.

첫째는 누군가가 이미 사 버린 물건에 대해 의견을 물었을 때는 비록 그것이 나쁘다 할지라도 훌륭한 것이라고 거짓말할 것이며, 나머지 하나는 친구가 결혼했을 때에는 반드시 '아내가 굉장한 미인이다' 라고 거짓말을 하라는 것이다. 만약 위와 같은 경우 진실대로만 말한다면 웃음이 없는 각박한 세상이 될 것이다.

'플라시보 효과' 라는 말이 있다. 의학적으로는 효능도, 해악도 전혀 없는 식품을 섭취해 병이 낫는 효과를 볼 때 쓰는 말이다. 실제로 병에 잘 듣는 약이라고 거짓말을 했지만 결과적으로 병이 치유되는 경우도 있다.

물론 플라시보 효과로 모든 병을 고칠 수는 없을 것이다. 그러나 선의의 거짓말로 환자가 마음 편하게 치료를 받을 수 있다는 장점이 있다.

선의의 거짓말로 인해 희망을 갖기도 한다. 확률적으로 낮은 성공을 향해 노력하는 사람에게 '할 수 있다' 고 말하는 것은 나쁜 거짓말이 아니나. 용기를 주는 말이다. 때로는 천 마디의 냉정한 진실보다는 힘이 나는 한 마디 선의의 거짓말이 도움이 될 때도 있다.

물론 거짓말이 좋은 것은 아니다. 나는 좋은 뜻에서 한 말이 때로는 상대방에게 나쁘게 적용될 수도 있고, 나쁜 습관이 되어 거짓말을 밥먹듯이 할 수도 있다. 그러나 선의의 거짓말은 자신보다 남을 생각하는 거짓말이기 때문에 오히려 상대방에게 더 도움이 될 수 있다.

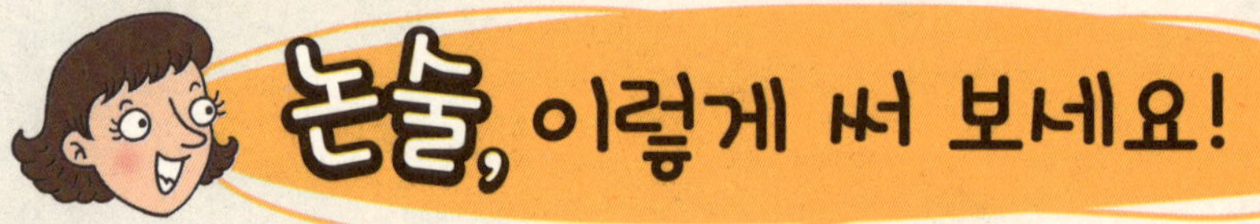

주장과 근거

1 주장

주장은 자신의 뜻을 굳게 내세우는 것입니다. 논술에서는 이유나 근거를 분명히 밝혀야 설득력 있는 주장을 할 수 있습니다. 주장을 뒷받침하기 위해 근거나 이유를 들어 증명해야 합니다.

2 근거

근거는 주장을 뒷받침하는 사실입니다. 근거는 반드시 사실이어야 합니다. 그래야 설득력이 있습니다. 사실과 거리가 멀거나 과장되거나 추측에 의한 근거는 설득력이 없습니다.

설득력 있는 근거를 제시하려면 지식을 많이 쌓아야 합니다. 아는 게 없으면 바른 근거를 댈 수 없겠죠. 그래서 배경지식이 중요한 것입니다.

3 주장과 근거의 삐딱선 오류

논술은 주장과 근거로 이루어집니다. 주장과 근거의 관계가 잘 이루어졌느냐, 아니냐에 따라 좋은 논술과 그렇지 못한 논술이 됩니다. 만약 주장과 근거가 어긋나면 오류가 발생합니다.

오류는 자료를 잘못 이해했을 때도 발생합니다. 잘못된 오류는 잘못된 결론을 내리기 때문에 좋은 논술을 쓰려면 오류를 최소화하는 것이 중요합니다.

14 누가 만들었는지도 모르는 기념일을 꼭 챙겨야 하나?

"요즘에는 '~데이'라는 기념일이 많습니다. 밸런타인데이나 화이트데이 이외에도 11월에는 한 제과업체에서 만든 기념일도 있죠. 여러분은 11월의 과자데이에 대해 어떻게 생각하나요?"

저는 찬성입니다. 우리나라에만 있는 재미있는 날이라고 생각합니다. 밸런타인데이나 화이트데이가 사랑 고백의 의미가 강하다면, 11월의 과자데이는 친구들끼리 우정을 나누기에 적당한 날이라고 생각합니다.

정희

저는 반대입니다. 11월 데이는 아무런 의미가 없는 날입니다. 제과업체에서 만들어낸 것입니다. 괜히 상술에 휩쓸려 용돈만 낭비하게 됩니다.

진성

11월 데이에 서로 초콜릿 과자를 주고받으면 재미있습니다. 큰돈 들이지 않고도 친구끼리 친근함을 표시할 수 있는 좋은 날이라고 생각합니다.

정희

특별한 유래나 전통도 없이 장삿속에서 태어난 기념일에 돈을 써야 한다는 점에서도 좋은 유행은 아니라고 생각합니다. 차라리 우리 농산물을 소비할 수 있는 기념일이나 데이를 만드는 것이 나을 것입니다.

진성

사실 우리나라에는 외국의 할로윈데이처럼 어린이들도 즐길 수 있는 명절이나 기념일이 별로 없습니다. 데이문화는 우리만의 문화를 만들어낸다고 생각합니다.

정희

과자를 못 받은 아이들은 소외감을 느끼고 친구들과 어울릴 수 없습니다. 이건 낭비이고 나이에 맞지 않는 과소비입니다. 친구를 얻기 위해서 선물을 주어야 한다는 좋지 않은 생각까지 하게 됩니다. 저는 이 데이문화가 그리 권장할 만한 문화는 아니라고 생각합니다.

좋아하는 친구한테 자기 마음을 표현하지 못하고 끙끙거리는 것보다는 특별한 날에 고백하고 서로의 마음을 주고받는 것이 좋다고 생각합니다.

친구를 얻기 위해서 반드시 선물을 주어야 하는 것은 아닙니다. 그리고 굳이 특정한 과자를 주고받아야 한다고 생각하지도 않습니다. 또한 유통기한이 지난 초콜릿과 사탕으로 선물 바구니를 꾸미는 경우도 많습니다. 이 모든 것이 데이문화가 지나치게 확대된 탓입니다.

11월이 되면아이들은 많이 들뜬다. 한 제과회사에서 만든 과자데이 때문이다. 올해는 얼마나 받을지, 또 누구에게 줄 것인지 고민도 한다. 그런데나는 이러한 고민이 쓸데없는 것이라고 생각한다.

매달 14일은 '~데이' 라고 한다. 가장 대표적인 것이 2월 14일 밸런타인데이이다. 이 날은 3세기 때 남녀의 사랑을 맺어 주던 로마의 밸런타인이라는 성직자가 세상을 떠난 날을 기념한 것이라고 한다. 하지만 한 달 뒤인 화이트데이는 일본의 한 제과회사에서 만들었다고 한다. 그 외의 날들은 그나마 유래도 없다. 누가 만들었는지도 모르는 의미없는 날을 굳이 챙길 필요는 없다고 생각한다.

과자를 주고받으면서 우정을 확인하고 평소 마음에 두었던 아이에게 고백도 하자고 하는데, 서로의 마음을 굳이 특정한 선물을 주고받으며 확인할 필요는 없다. 날짜와 과자 종류까지 정해서 대대적으로 광고하는 것은 과자 회사의 상술에 지나지 않는다.

'~데이' 를 챙기다 보면 달마다 꽤 많은 돈이 들어간다. 의미도 모르는 기념일을 챙기느라 쓸데없는 소비를 하는 것이다. 문제는 제과업체가 과

소비를 부추기는 데 있다. 포장은 점점 화려해지고 유통기한이 지난 초콜릿이나 사탕을 팔기도 한다.

모든 아이들이 골고루 선물을 받는 것도 아니다. 선물을 많이 받은 아이는 기분좋겠지만 그렇지 못한 아이는 소외받았다는 생각에 주눅들기 쉬운 것도 문제다.

우리나라에는 여러 명절이 있다. 뜻깊은 날도 많다. 국적 불명의 기념일 보다는 그런 날을 먼저 챙기는 것이 더 중요하다고 생각한다. 쓸데없이 상업적인 목적으로 만들어진 기념일을 챙기기 위해 돈을 낭비하는 것이야말로 어리석은 짓이다.

논술에서 쓰면 안 되는 말

1 논술은 자기 주장이 강한 글입니다. '잘 모르지만' '처음 보는 것이라서' '생각해 본 적이 없어서' 같은 자신없는 말을 쓰면 자기 주장에 힘이 실리지 않습니다.

2 '이유야 어찌 되었든' '그건 그렇고' '얘기가 살짝 빗나갔지만' 같은 구렁이 담 넘어가는 듯한 표현은 쓰지 않는 게 좋습니다. 논술은 논리적으로 이해시키고 설득하는 것이 목표라는 점을 명심하세요.

3 '이건' '뭐든지' '날엔' 등과 같은 준말은 글을 가볍게 보이게 합니다. 은어나 비속어는 절대 금물입니다.

4 자신없는 한자나 숙어는 사용하지 않도록 하세요. 잘못 쓰면 오히려 감점 요인이 됩니다. 차라리 쉽게 풀어 쓰는 것이 좋아요.

5 '첫째' '둘째' 처럼 번호를 붙이면 글이 정돈된 듯 보이지만 읽는 사람에게는 진부하게 느껴질 수도 있습니다. 게다가 번호에 따라 단락을 나누면 단락 수가 필요 이상으로 많아질 수 있어요.

6 문장이 장황해도 안 되겠지만 너무 간결해서도 안 됩니다. 특히 예시나 인용을 할 때 주의하세요.

'2002년에 있었던 여학생 사건은 국민의 분노를 샀다.' 이런 표현은 오히려 안 쓰느니만 못합니다. '2002년에 미군의 장갑차에 깔려 죽은 효선, 미순 양 사건으로 재판을 받은 미군들이 무죄 선고를 받아 국민의 분노를 샀다.' 고 정확하게 서술해야 합니다.

15 노약자 지정석은 늘 비워 두어야 할까?

토론하기

"버스나 지하철에는 노약자 지정석이 있습니다. 사람이 많아도 이 자리는 늘 비워 두는데, 여러분의 생각은 어떤지 이야기해 봅시다."

노약자 지정석은 노약자가 탔을 때 언제라도 앉을 수 있어야 합니다. 만약 할아버지 할머니가 탔는데 젊은 사람이 앉아 있으면 일어서라고 하기도 민망해 그냥 서서 가는 경우도 있을 것입니다.

가끔 자리가 비어 있어서 앉았는데, 노약자가 타서 일어

나라고 소리치는 경우도 있습니다. 그렇다면 일반 좌석에는 노약자가 앉으면 안 되는 것 아닙니까? 노약자석은 노약자들만 앉아야 하는 자리라고 법으로 정한 것도 아닙니다.

정희

우리나라를 동방예의지국이라고 합니다. 어른을 공경해야 한다고 어렸을 때부터 배웠습니다. 젊은 사람들이 조금 불편하더라도 할아버지 할머니나 임산부, 장애우들을 먼저 생각하는 것이 당연합니다.

진성

어렸을 때부터 어른을 공경하고 자리를 양보해야 한다고 배웠습니다. 그래서 대부분 할머니 할아버지를 보면 자리를 양보합니다. 그렇기 때문에 노약자석은 굳이 필요하지 않습니다.

노약자석은 노약자들이 편하게 갈 수 있도록 배려하여 만든 것이지만 굳이 노약자석이 아니더라도 다른 자리에서 편하게 갈 수 있을 정도로 자리 양보를 잘합니다.

정희

하지만 요즘은 이기적인 사람들이 많습니다. 남이야 어떻든 나만 편하면 된다고 생각합니다. 노약자를 보고도 자는 척하면서 자리를 양보하지 않습니다. 그렇기 때문에 노약자 지정석이 마련된 것일 수도 있습니다.

진성

반대로 노인은 노약자 자리에만 모시면 그만이고, 그 자리를 벗어나면 노약자에게 양보를 하지 않아도 된다고 생각하는 사람도 있습니다. 일반 좌석에 서 있는 할머니 할아버지를 보고 '노약자석에 앉으면 되니까.' 하고 자리를 양보하지 않게 됩니다.

정희

우리 부모님도 언젠가는 할머니 할아버지가 됩니다. 우리도 언젠가는 누군가의 도움이 필요하게 될 것입니다. 그때 양보하는 사람이 없으면 얼마나 불편하겠습니까. 우리 가족이라는 생각으로 노약자들이 언제나 앉을 수 있도록 노약자석은 항상 비워 두어야 한다고 생각합니다.

요즘은 지하철의 노약자석이 아예 비어 있는 경우가 많다. 언제 탈지 모르는 노약자들을 위해비워 두는 양심의 자리이지만, 아직도 노약자석에앉는 젊은이들이 있다. 아무리 차가 붐비더라도 노약자석은 비워 두어야한다.

사실 노약자석뿐만 아니라 어느 자리든 어른이 타면 자리를 양보하는 것이 당연하다. 그런데 노약자석이 따로 있으니 그 자리만 아니면 양보하지 않아도 된다는 뻔뻔한 젊은이들이 있다.

노약자들은 말 그대로 나이 들고 약한 사람들이다. 건강한 사람이 약한 사람을 돕는 것은 인지상정이다. 그러니 건강한 젊은이가 노약자를 위해 작은 양보를 하는 것은 당연하다.

노약자석을 비워 둘 필요없이 노약자가 타면 그 때 자리를 양보하면 된다는 의견도 있다. 그러나 붐비는 차 안일수록 노약자는 다치기 쉽다. 운전기사가 모든 승객을 살필 수 없으니 노약자가 타면 바로 자리에 앉을 수 있도록 자리를 비워 두어야 한다. 가끔 젊은이들에게 강제로 자리를 양보하라는 할머니 할아버지도 있다. 솔직히 젊은이도 피곤할 수 있고 몸이 아플 수도 있다. 그럴 때면 자리 양보가 힘들 수도 있다. 이럴 때 노약자석이 아닌, 다른 좌석이라면 양보를 해야 한다는 부담감은 없으니, 노약자석을 비워 두는 것은 젊은이를 위해서도 좋다.

우리 부모님도, 우리도 언젠가는 노인이 될 것이다. 그 때를 생각해 보자. 그 때 사람들이 좌석을 양보해 빈자리로 남겨 두면 정말 고마울 것이다. 물론 노약자석을 미리 만들어 놓은 것은 양보를 강요한 것일지도 모르겠다. 하지만 그렇게라도 해서 양보의 의미를 깨닫는다면 모두를 위해 좋을 것이다.

모두를 위한 밝은 사회를 위해…
다리가 아팠는데
이제 좀 살 것 같네.
양보의 의미를
이제는 알겠어.
노약자 지정석이 있으니
눈치 볼 필요도 없고 좋아요.

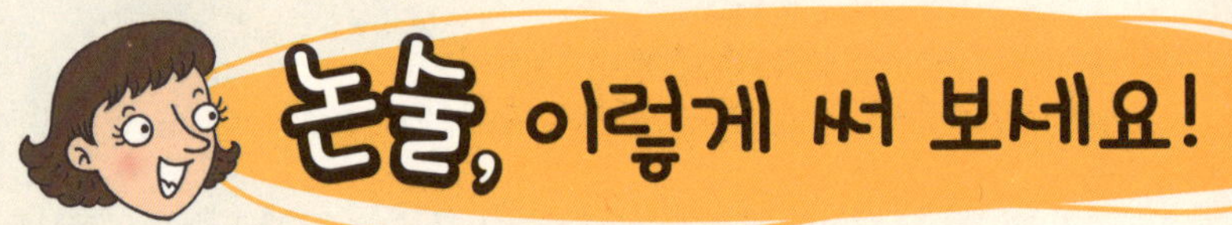

주장하는 글의 밑천은 배경지식

논술은 사실을 많이 제시해야 설득력을 높일 수 있어요. 사실을 많이 안다는 것은 '배경지식'이 많다는 말입니다. 이 배경지식이 많아야 논제와 관련 있는 사실을 많이 쓸 수 있습니다.

1 책읽기

배경지식 키우는 첫 번째 방법은 책읽기입니다. 책읽기를 통해 배경지식과 함께 독해력과 사고력을 동시에 키울 수 있습니다. 책을 읽을 때 다른 자료를 찾아가며 읽어야 새로운 지식을 얻는 데 도움이 됩니다.

2 신문읽기

신문을 읽으면 최신 정보와 시사상식을 다양하게 접할 수 있습니다. 게다가 논술에 직접 인용할 수 있는 근거 자료도 많죠. 그래서 신문을 '살아 있는 논술 교과서'라고도 합니다.

신문기사를 잘 활용하면 창의력과 논리력은 물론 독해력도 향상시킬 수 있습니다. 사설에는 그 날의 이슈와 그에 따른 의견, 주장이 분명하게 드러나 있어 논리적인 글을 쓰는 데 도움이 됩니다.

사설이 자기 주장이 강한 것이라면 칼럼은 객관적인 근거를 제시하며 차분히 전개해 나가기 때문에 논술 공부에 도움이 됩니다.

16 사형제도는 꼭 필요할까?

토론하기

"우리나라는 아직 사형제도를 유지하고 있습니다. 사형제도를 폐지해야 한다는 의견과 폐지해선 안 된다는 의견이 대립하고 있는데, 이에 대해 토론해 봅시다."

저는 사형제도에 반대합니다. 아무리 중한 죄를 지은 사람이라 해도 죽이면 안 되기 때문입니다. 충분히 반성하고 있는 사람의 목숨까지 굳이 빼앗을 필요는 없다고 봅니다. 게다가 재판이 100% 완벽하다고 할 수도 없습니다. 판결을 잘못 내릴 수도 있고, 그럴 경우 죄없는 사람이 목숨을 잃게 됩니다.

저는 사형제도에 찬성합니다. 죄를 지은 사람은 벌을 받아야 합니다. '눈에는 눈, 이에는 이'라는 말이 있습니다. 특히 살인 같은 큰 죄를 지은 사람은 반드시 큰 벌로 다스려야 합니다.

사람을 죽였다고 그 사람을 죽이는 것은 옳지 않습니다. '죄는 미워하되 사람은 미워하지 말라'는 말이 있습니다. 범죄는 순간적으로 저지르기도 합니다. 그래서 자기 잘못을 뉘우치고 반성하는 사람까지 무조건 죄를 지었으니 죽어 마땅하다고 하는 것은 억지입니다.

범죄자의 생명을 존중하기 위해 다른 사람의 생명이 위협받거나 사회 질서가 무너지도록 놔두어서는 안 됩니다. 강력한 법이 있어야 범죄도 줄고 사회 질서도 확립됩니다.

그러한 이유라면 더더욱 반대입니다. 우리나라는 아직 사형제도가 있지만 그렇다고 흉악 범죄가 줄어드는 것은 아닙니다. 그러므로 사형제도가 잔혹한 범죄를 예방한다고 말할 수 없습니다.

감옥에 갔다 오면 평생 죄를 짓지 않고 산다는 보장이 있으면 좋겠지만 잔인한 범죄를 저지른 범죄자들은 또다시 잔혹한 범죄를 저지릅니다. 우리 옆집에 그런 범죄자가 살고 있다고 생각해 보십시오. 상상만으로도 끔찍합니다.

모든 범죄자가 다시 죄를 짓는 것은 아닙니다. 오히려 그런 선입견 때문에 사회에 적응하지 못하고 다시 범죄의 늪에 빠져드는 것입니다.

하지만 피해자 가족의 입장에서 생각하면 가족을 잃은 슬픔과 범죄자가 살아 있다는 불안감 해소를 위해서라도 사형시키는 게 나을 것입니다.

사형을 하지 않아도 범죄자를 얼마든지 사회와 격리시킬 수 있습니다. 가석방을 아예 없애고 죽을 때까지 감옥에서 생활하는 종신형을 내리면 됩니다.

사형제도는 사회 질서를 유지하고 범죄를 예방한다는 점에서 효과적일 수 있다. 그럼에도 불구하고 사형제도는 폐지되어야 한다고 생각한다. 왜냐하면 어떠한 경우라도 사람을 죽여서는 안 되기 때문이다.

살인 등을 저지른 흉악범은 당연히 사형시켜야 한다고 하지만, 인간의 생명은 존엄한 것이다.

'눈에는 눈, 이에는 이' 식으로 사람을 죽였다고 똑같이 죽이는 것은 복수라고밖에 생각되지 않는다.

게다가 재판은 사람이 하는 것이다. 100% 실수가 없다고는 말할 수 없다. 만약 판결이 잘못되어 죄없는 사람을 사형시켜 버리면 실수를 되돌릴 수 없고 사형당한 사람만 억울할 것이다.

물론 범죄자가 감옥에서 나와 다시 범죄를 저지르는 경우도 있다. 그래서 강한 법이 있어야 범죄도 줄고 사회 질서도 확립된다고 한다. 하지만 사형제도가 있는 우리나라에서는 여전히 흉악 범죄가 발생하고 있다. 그러므로 사형제도가 잔혹한 범죄를 예방한다고 할 수도 없다.

그렇다고 흉악범들을 모두 감옥에서 풀어 주자는 말은 아니다. 사형시

키지 않고도 범죄자를 얼마든지 사회와 격리시킬 수 있다. 무기징역이 좋은 예이다. 가석방 없는 종신형으로도 충분하다.

'죄는 미워하되 사람은 미워하지 말라'는 말이 있다. 흉악범도 사람이다. 사형제도보다는 범죄자에게 반성의 기회를 주는 것이 더 중요하다. 나아가 민주주의의 원래 목적인 인간 존엄성 구현에 도움이 될 수 있는 제도가 마련되어야 할 것이다.

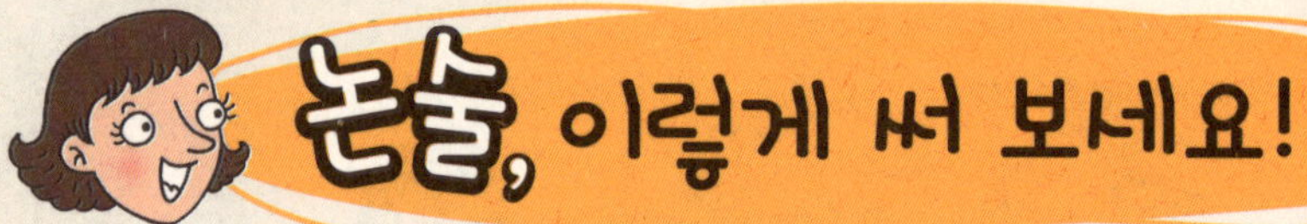

설득력을 높이는 글쓰기

1 속담 인용하기

설득력을 높이는 방법 중 하나가 인용입니다. 글을 읽는 사람은 인용문 하나만 봐도 저자가 무슨 얘기를 할지 예상할 수 있죠. 특히 속담은 우리 생활에서 널리 사용되므로 근거로 많이 제시됩니다.

많은 사람들이 쉽게 공감할 수 있다는 장점이 있지만 속담의 뜻을 진지하게 생각해야 합니다. 그렇지 않으면 자신의 주장과 반대되는 속담을 남발할 수도 있습니다.

2 신문기사 인용하기

신문기사도 많이 인용합니다. 어느 신문에서 인용한 것인지 표시하는 것이 좋습니다. 그리고 수치에 주의하세요. 예를 들어 "그 문제에 대해 설문 조사를 했더니 89%가 반대했대."와 "대부분이 반대했대."에는 분명 설득력의 차이가 있습니다. 또한 수치를 인용할 때는 정확하게 확인해야 합니다.

3 책 내용 인용하기

권위있는 작가의 저서 내용을 인용하는 것도 좋습니다. 예를 들어 공무원의 부정부패에 대한 글을 쓸 때, '정약용은 〈목민심서〉에서 관은 민을 위해 존재한다고 했다.' 라고 인용하면 짧은 글이지만 설득력도 있고 글의 내용을 간단하게 요약할 수 있습니다.

17 채팅용어를 사용해도 될까?

토론하기

"인터넷 문화가 발달하면서 채팅용어라는 신조어가 생겼습니다. 몇몇 단어는 사전에까지 오르게 되었죠. 새로운 문화라고도 하는 채팅용어에 대해 이야기해 봅시다."

진성

저는 채팅용어 사용에 찬성합니다. 우리나라 말을 일일이 쓰자면 시간이 많이 걸리는데, 간략하게 줄여서 사용할 수 있어서 좋습니다.

정희

저는 반대입니다. 왜 세종대왕이 만드신 자랑스러운 한글을 파괴하는지 이해가 되지 않습니다.

채팅할 때 우리나라만 줄여 쓰는 것이 아닙니다. 영어도 and를 n으로, you를 u로 사용하고 있습니다. please를 plz로 사용하기도 합니다. 세계 공통어라 불리는 영어도 채팅에서는 줄이고 발음나는 대로 간편하게 쓰고 있습니다. 현대는 스피드 시대입니다. 빨리빨리 이야기하고 진행하는 데 채팅용어는 큰 도움이 됩니다.

정희

말은 모든 사람에게 통해야 합니다. 그런데 채팅용어를 쓰면 어른들은 무슨 말인지 이해할 수 없다고 합니다. 세대 간에 소통이 되지 않으면 세대 차이는 더욱 벌어져 서로를 이해할 수 없게 됩니다.

말은 시대에 맞춰 변하는 것입니다. 지금 우리가 쓰는 한글도 많이 변했습니다. 우리 것이라고 무조건 지켜야 한다면 우리는 지금 세종대왕이 창제한 한글 그대로를 쓰고 있어야 합니다.

물론 언어는 시대에 따라 변합니다. 새로운 말이 생겨나기도 하고 사람들이 쓰기 편하게 바뀌기도 합니다. 하지만 채팅용어는 무조건 소리나는 대로 쓰고 말을 함부로 줄여 한글을 망치고 있습니다.

채팅용어는 맞춤법을 몰라서 잘못 쓰는 것이 아닙니다. 다만 편하게 쓰기 위해서 우리 나름대로 개발한 용어입니다. 채팅용어는 인터넷상에서만 사용하는 말입니다. 이것은 단지 온라인 문화일 뿐입니다.

하지만 일상생활에서 그리고 글을 쓸 때 자신도 모르게 채팅용어를 사용합니다.

'좋아'를 '조아', '할게요'를 '할게여' 이런 식으로 발음나는 대로 쓰다 보면 혼돈이 오게 됩니다. 마구 줄여 쓰는 말도 문제입니다. '솔까말' '차도남' 등은 모르는 사람이 들으면 외계어 같아 소외감을 느낄 수도 있습니다.

사이버 공간에서는 상대방 얼굴을 보지 않고도 대화도 하고 게임도 할 수 있다. 특히 대화할 때 많은 사람들이 함께 이야기를 하다 보니 속도가 빨라진다. 그래서 키보드를 편하고 빨리 치기 위해 채팅 용어가 태어났다.

그러나 그 편리함이 우리말과 글을 망치고 있다. 따라서 나는 채팅용어 사용에 반대한다.

채팅용어는 채팅 때문에 생겨난 만큼 여러 사람이 빠르게 이야기를 나눌 수 있다는 편리함은 있다. 그러나 마구잡이로 만들어낸 것이라 바른 말이라고 할 수 없다. 소리나는 대로 쓴 기호에 불과하다.

게다가 채팅용어는 사용 연령층이 한정적이다. 채팅을 그다지 하지 않는 어른들에게는 채팅용어가 낯설다. 외계어 같다고까지 한다. 말과 글이 통하지 않으니 세대 간 소통이 이루어질 수 없다. 결국 세대 차이가 점점 벌어져 어른들은 청소년을 이해 못하고, 청소년은 어른들을 답답해할 것이다.

가장 큰 문제는 일상생활에서도 채팅용어를 사용한다는 것이다. 인터넷 상에서만 사용하면 된다고 하지만 언어는 습관이다. 논술을 쓰거나 공손

한 자리에서도 채팅용어가 튀어나오기 쉽다.

물론 말과 글은 시대에 따라 변한다. 그러나 새로운 말은 국어 문법에 맞고 모든 사람들이 받아들일 수 있어야 한다. 채팅용어는 아무런 근거도 없는 말이다. 단순히 채팅할 때 편하기 위해 마구잡이로 만들어졌을 뿐이다.

한글은 세종대왕이 만든 세계적이고 과학적인 글이다. 그 글을 마음대로 뜯어고쳐 한글이 오염되고 사라지고 있다. 나 편하자고 우리말과 글을 사라지게 하기보다는 내가 불편하더라도 자랑스럽고 사랑스런 우리말과 글을 지키는 것이 옳다고 생각한다.

논술 실력 업그레이드

1 고쳐 쓰기

논술을 쓴 후에는 반드시 다시 읽어 보도록 하세요. 전체적으로 주제에 어긋나지는 않았는지, 처음 의도했던 대로 서술되었는지는 물론 문장과 단어까지 잘 살펴봐야 합니다. 주어와 서술어의 관계나 시제, 접속사 그리고 맞춤법과 띄어쓰기까지 모두 챙겨 보세요.

글을 쓴 뒤 바로 읽으면 잘못된 부분을 찾을 수 없습니다. 그러니 조금 시간이 흐른 뒤 읽어 보세요. 그러면 어색한 부분이 보일 거예요.

2 고마운 비평

비평은 여러분이 쓴 글을 보고 잘못된 부분을 지적하는 것입니다. 나무라는 것이 아닙니다. 문장의 논리가 맞는지, 표현은 올바른지, 문법은 맞는지, 글의 흐름은 자연스러운지 등 부족한 부분을 지적받아야 다음에 글을 쓸 때 도움이 됩니다.

3 옮겨 쓰기

다른 사람의 글을 옮겨 적는 것이 무슨 효과가 있을까 의심스럽죠? 그런데 효과가 아주 크답니다. 실제로 많은 학자들이 가장 짧은 시간에 가장 효과적으로 글쓰기 실력을 높일 수 있는 방법으로 '좋은 글 옮겨 적기'를 꼽는다고 해요.

글을 옮겨 적는 동안 자신도 모르게 문장의 구조를 파악하고, 글을 어떻게 써야 할지 깨닫게 된답니다.

18 초등학생이 아르바이트를 해도 될까?

"청소년 아르바이트생들이 권리를 보호받지 못해 문제가 되고 있습니다. 간혹 초등학생 중에도 아르바이트를 하는 학생들이 있는데, 여러분은 초등학생이 아르바이트를 하는 것에 대해 어떻게 생각하나요?"

저희 부모님은 용돈을 그냥 주지 않습니다. 집안 일을 하든가 심부름을 해야 줍니다. 그렇게 용돈을 받으면 돈의 귀중함도 알고 씀씀이도 줄이게 됩니다. 그런 의미에서 저는 초등학생이 아르바이트를 해도 된다고 생각합니다. 단, 부모님도 알고 허락하시는 아르바이트여야 합니다.

저는 반대입니다. 법률상 초등학생은 아르바이트를 할 수 없습니다. 어린이는 제대로 교육받고 건강하게 성장하도록 사회가 책임져야 합니다.

하지만 미성년자도 부모님 동의가 있으면 아르바이트를 할 수 있습니다.

아무리 부모님 허락이 있어도 초등학생이 아르바이트를 하기에는 위험합니다. 나쁜 친구를 만날 수 있고 나쁜 어른들이 험한 일을 시킬 수도 있습니다. 일한 만큼 돈을 안 줄 수도 있습니다. 시간도 빼앗기고 돈도 빼앗기는 등 나쁜 경험을 하게 될 수 있습니다.

공부에 지장을 주지 않는 선에서, 부모님 허락을 받고 일하면 경제 관념을 기를 수 있는 좋은 기회라고 생각합니다. 선진국에서는 아이들의 아르바이트를 당연하게 생각한다고 합니다.

하지만 아르바이트하는 친구들 대부분은 부모님 몰래

합니다. 아직 어린 초등학생 자녀의 아르바이트를 찬성할 부모님이 얼마나 있겠습니까? 아르바이트를 하는 이유 또한 자기가 사고 싶은 것을 사거나 놀러 다니기 위해 하는 경우가 더 많습니다.

아르바이트는 대부분 시간 당 급여를 받는데, 몇 시간밖에 못한다면 그 금액이 얼마나 되겠습니까? 적은 돈을 벌려고 시간 낭비와 위험을 감수할 수는 없습니다.

아이들은 아르바이트 경험으로 돈이 얼마나 소중한 것인지를 깨닫고 부모님의 고생도 생각하는 등 스스로 성장할 수 있을 것입니다.

학생의 본분은 공부입니다. 부모님도 우리가 공부를 열심히 하는 것을 더 흐뭇하게 생각하실 것입니다.

2010년 12월 여성가족부가 <청소년근로권익보호관계법령 위반>에 대한 점검을 실시한 결과 38개 업소에서 147건의 위반 사항을 적발했다고 한다.

청소년의 노동 착취에 대한 문제는 해마다 심각해지고 있다. 이런 사회 분위기 속에서 어린 초등학생이 아르바이트를 하는 것은 위험하다고 생각한다.

아르바이트를 하는 초등학생들은 대부분 부모님 몰래 할 것이다. 꼭 필요한 물건이 있거나 돈을 써야 하는 상황에 놓이면 거의 모든 부모님들이 용돈을 주실 것이다. 그런데 위험한 물건이나 사치품, 또는 공부에 방해가 되는 것을 산다든지 PC방에 간다고 하면 어느 부모가 용돈을 주겠는가. 결국 중요하지 않은 일에 돈을 쓰기 위해 귀한 시간을 내어 위험을 감수하고 아르바이트를 하는 셈이다.

가끔 고생하는 부모님을 위해 대학생 오빠나 언니들처럼 자신의 용돈은 자신이 벌어 쓰겠다고 아르바이트를 하는 초등학생이 있긴 하다.

그러나 초등학생이 부모님을 위해 아르바이트를 하겠다는 것은 억지다. 학생의 본분은 공부다. 괜히 아르바이트로 문제나 일으키지 말고, 차라리 그 시간에 열심히 공부를 해서 부모님 마음을 기쁘게 해 드리는 것이 더 효도일 것이다. 굳이 내 힘으로 돈을 벌고 싶다면 용돈을 그냥 받지 말고 심부름이나 집안 일을 해서 받는 것이 어떨까?

아르바이트가 경제적인 독립심을 키워 주고 사회 경험을 할 수 있는 장점이 있긴 하지만 초등학생에게는 아직 이른 감이 있다.

물론 가정형편상 아르바이트를 해야 하는 경우도 있을것이다. 그 때는 부모님 동의도 얻고 '근로 계약서'도 작성해 불이익을 당하지 않도록 해야 할 것이다. 이 외에는 초등학생이 아르바이트를 하는 것은 위험하고 불필요한 일이라고 생각한다.

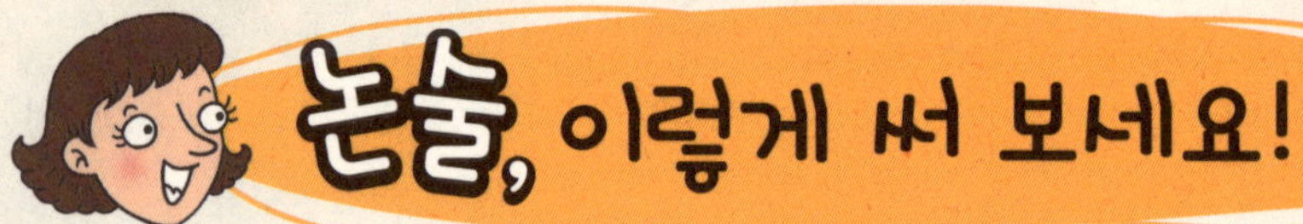

대화와 토론을 많이 할 것

1 생각이 자라는 토론

토론은 어떤 문제를 놓고 여럿이 모여서 논리적으로 자기 주장을 하며 상대방을 설득하는 대화입니다. 다른 사람의 생각을 들으면서 내가 미처 모르고 있던 사실 등 폭넓은 지식을 쌓게 되고, 한 주제에 대해 다양한 관점에서 생각하게 되므로 논술에 많은 도움이 됩니다.

2 토론짱 되기

토론은 상대방을 이기기 위한 말싸움이 아니라, 말로 하는 논술임을 잊지 마세요. 각자 자신의 의견을 나누는 것이므로 논리적으로 자신의 생각을 말하는 자세가 중요합니다. 토론도 논술과 마찬가지로 충분한 자료를 갖추고 있어야 합니다.

토론을 잘하려면 우선 상대방의 이야기를 잘 듣고 내 입장과 다른 반론에 대해 생각해 보는 것이 좋습니다. 또한 반박을 할 때는 구체적인 근거를 드는 것이 효과적이에요.

3 생활 속에서 논리적으로 말하기 훈련

토론을 잘하려면 책이나 미디어 등 각종 정보 매체를 활용해야 해요. 그리고 잘 듣는 연습을 해야 잘 말할 수 있습니다. 자신의 생각과 사실을 구별하여 말하는 훈련도 필요해요.

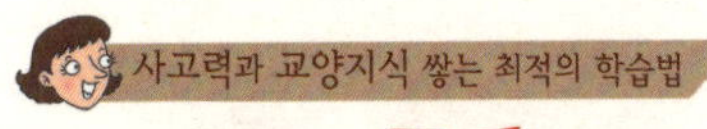

자기주도

토론·논술 쓰기

초판 1쇄 인쇄 | 2011년 4월 10일
초판 1쇄 발행 | 2011년 4월 15일

지은이 | 조영경
그린이 | 이일선

펴낸이 | 남주현
펴낸곳 | 채운북스(자매사 채운어린이)
주소 | 서울시 마포구 창전동 5-11 3층(우 121-190)
전화 | 02-3141-4711(편집부) 02-325-4711(마케팅부)
팩스 | 02-3143-4711
전자우편 | chaeun1999@empal.com
디자인 | design86 강루미
출력 | 아이앤지 프로세스
종이 | 세종페이퍼
인쇄 | 대원인쇄
제책 | (주)세상모든책

ISBN 978-89-94608-11-2 (63590)
*잘못된 책은 구입하신 서점에서 바꾸어 드립니다.